알면 알수록 즐거운

여객기 상식 100

머리말

러시아의 상트페테르부르크 상공에 접어들었다. 오랜 역사의 아름다운 운하가 발아래로 펼쳐진다. 목적지까지는 앞으로 300 km가 남았다. 나리타에서 10시 30분에 출발한 JAL 413편은 핀란드의 수도 헬싱키를 향해 순조롭게 비행을 계속하고 있다.

이륙한 지 9시간이 지났지만 피로를 전혀 느낄 수 없다. 습도가 적절히 유지되고 기압의 변화가 제어되는 기내 환경, 천장이 높아져서 개방감이 더해진 객실 공간, 시야를 크게 넓힌 창문. JAL이 헬싱키 노선에서 운항하는 보잉 787은 비행시간이 길어질수록 그 쾌적성을 실감케 한다.

기존의 알루미늄 합금 대신에 탄소섬유 복합재로 동체를 구성한 787이 데뷔한 때는 2011년 여름이었다. 라이벌인 에어버스는 '하늘을 나는 호텔'이라는 별명이 붙은 2층 구조 초대형기 A380을 한발 앞서 취항시켰다. A380에 맞서기 위해 보잉이 신형 점보기 747-8을 세상에 내놓자, 에어버스는 787을 의식한 차세대기 A350XWB를 완성했다.

기종의 변모뿐만이 아니다. 구름 위에서 보내는 시간도 크게 변했다. A380이 데뷔하던 당시에는 완전 2층 구조의 넉넉한 공간을 활용한 1인실 형태의 퍼스트 클래스가 화제였다. 그 호화로운 좌석을 일반인들도 어렵지 않게 이용할 수 있게 했던 것이다. JAL은 내가 지금 타고 있는 헬싱키행 787의 비즈니스 클래스에 혼자만의 공간을 즐길 수 있는 1인실 형태의 좌석 'JAL SKY SUITE'를 설치했다. 몇 년 전과는 비교할 수 없을 만큼 여행이 쾌적해졌다. 이코노미 클래스의 객실을 들여다보면 그곳에도 좌석의 앞뒤 간격이 훨씬 넓은 '신간격 이코노미'라는 이름의 좌석이 배치되어 많은 승객들이 웃으며 여행할 수 있게 됐다.

창가 1인실 좌석에서 이 글을 쓰고 있는 나에게 지상에서 이메일이 도착했다. 사이언스 아이의 편집부에서 이 책의 표지 디자인에 관해 논의하고 싶다는 내용이었다. 나는 첨부된 몇 가지 견본 디자인을 비교한 후 희망하는 디자인과 의견을 적어서 답장을 보냈다. 상공에서 마치 서재에 있듯이 지낼 수 있는 것도 기내에서 와이파이(Wi-Fi)를 사용할 수 있게 됐기 때문이다. 2012년부터 서비스를 시작한 'JAL SKY Wi-Fi'는 내가 하늘을 이동할 때 빼놓을 수 없는 도구가 됐다.

이 책은 몰라도 상관없지만 알고 보면 유용한 여객기에 관한 잡다한 상식을 집대성한 것이다. 공항이나 기내에서 문득 머릿속을 스치는 100가지 궁금증을 엄선했다. 여기에는 최신 여객기 기종 및 첨단 기술도 포함된다. 이해하기 쉽게, 그리고 무엇보다 즐겁게 설명하려고 애썼다. 초보자도 입체적으로 이해할 수 있도록 수많은 아름다운 사진들을 항목마다 배치했다. 이 책에 실린 사진들의 대부분은 나의 취재 파트너인 항공 사진가 찰리 후루쇼 씨가 촬영했다. 후루쇼 씨와 더불어, 이 책의 기획 단계부터 수많은 조언을 해준 과학 서적 편집부의 마스다 편집장님께도 이 자리를 빌려 진심으로 감사의 인사를 올린다.

JAL 413편은 상트페테르부르크 상공에서 핀란드 만을 거쳐 헬싱키 반타 공항에 접근하기 시작했다. 핀란드는 지금쯤 백야의 계절을 맞이했을 것이다. 새벽이 되어도 여전히 밝은 하늘 아래에서, 호텔 방 창문을 활짝 열어 북유럽의 바람을 한껏 쐬면서 이 책을 마무리할 작정이다.

공항의 서점에서 이 책을 발견한다면 부디 손에 들고 하늘 여행에 나서주기 바란다. 여객기의 세계는 알면 알수록 즐거움으로 넘쳐난다는 사실을 실감할 수 있을 것이다.

2015년 6월 헬싱키로 향하는 JAL 기내에서

작가 & 항공 저널리스트

아키모토 슌지

차례

제5장

하늘 여행에 관한 궁금증

제6장

공항에 관한 궁금증

제 1 장

여객기에 관한 궁금증

세계에서 가장 멀리 날 수 있는 여객기는?

일본에서만 날아다니는 점보기가 있었다?

차세대기에서 볼 수 있는 '상식 파괴'는?

21세기에 탄생한 주목할 만한 최신 기종부터

전설적인 명품 기종까지 상세히 설명한다.

001

세계에서 가장 큰 여객기는?

현재 세계에서 가장 큰 여객기는 에어버스 A380이다. A380의 전체 길이(72.8 m)는 '차세대 점보'라는 타이틀을 달고 등장한 보잉 747-8(76.3 m) 또는 여러 항공사에서 장거리 국제선의 주력 기종으로 사용 중인 777-300ER(73.8 m) 등에는 미치지 못하지만, 날개 너비(79.8 m)와 전체 높이(24.1 m)는 현역 기종 가운데 가장 크다. 지상에서 수직꼬리날개 꼭대기까지의 높이는 7층 건물 높이와 맞먹는다. 주날개의 면적은 약 845 m²로, 농구 코트(420 m²) 2개가 나란히 들어가는 넓이다.

1층과 2층을 합친 총바닥면적은 이전까지 최대였던 점보(747-400)의 1.5배다. 하지만 설정된 표준 좌석 수는 747-400이 412석인 데 비해, A380은 525석이다. 즉 좌석 수는 1.27배밖에 차이가 나지 않는다는 뜻이다. A380은 그만큼 좌석 외에 활용할 수 있는 공간이 넓어서, 객실을 설계하거나 좌석을 배치할 때 아이디어에 따라 기존 여객기와 전혀 다르게 꾸밀 수 있다.

실제로 A380을 도입한 항공사 중에는 제작사가 설정한 표준 좌석 수가 525석인데도 500석 이하로 객실을 설계한 회사가 적지 않다. A380을 세계 최초로 도입한 싱가포르항공이나 에미레이트항공은 기내에 여유 있는 공간을 살려 '하늘을 나는 호텔'이라는 별명에 어울리는 1인실형 퍼스트 클래스를 완성했다.

여행의 목적지를 먼저 정하고, 그곳으로 가는 항공사를 나중에 고르는 것이 기존의 일반적인 여행 계획 방법이었다. 하지만 A380이 취항한 이후에는 여행계획 방법이 달라졌다.

'A380을 타겠다고 먼저 정하고, 나중에 A380의 취항지 중에서 여행지를 고른다'는 식의 여행 스타일이 나타난 것이다.

완전 2층 구조 초대형기

A380은 2007년 10월에 싱가포르항공의 싱가포르-시드니 노선에서 처음 취항했다.

하늘을 나는 호텔

2층의 가장 앞쪽에 호화로운 개인형 좌석이 늘어선 에미레이트항공의 퍼스트 클래스.

002

'드림라이너' 787은 하늘 여행을 어떻게 바꾸었는가?

보잉의 신형기 787에는 다양한 최첨단 기술이 결집되어 있다. 그중 하나가 동체와 주날개 등에 채택된 '탄소섬유 복합재'라는 신소재다.

탄소섬유 복합재의 강도는 철의 약 8배다. 기존 알루미늄 합금을 대체하는 이 가볍고 강한 신소재를 사용함으로써 연비 성능을 20% 향상시켰을 뿐 아니라, '인간 친화적'인 기내 환경을 실현했다.

구조상 여객기는 수분에 아주 취약하다. 객실에 습기가 많으면 눈에 잘 띄지 않는 곳에 결로가 발생해서 기체를 서서히 부식시킨다. 금속피로는 큰 사고로 이어질 수 있다. 그 때문에 기존의 여객기는 수분 제거 장치로 습도를 낮추어서 공기를 기내로 보내 객실을 항상 바싹 건조한 상태로 유지했다.

객실을 가습할 수 없었기 때문에 몸에 이상이 있을 때 여객기를 타면 매우 힘들었었다. 유럽으로 갈 때 기내에서 장시간을 보내면 목이 칼칼해지는 경우도 많았다. "객실이 늘 건조한 탓에 근무 중에 피부를 관리하기가 쉽지 않아요"라고 토로하는 객실 승무원도 적지 않았다.

하지만 보잉 787은 이런 상황을 싹 바꾸어놓았다. 금속과 달리 탄소섬유 복합재는 녹슬 우려가 없다. 객실을 가습해도 괜찮다는 뜻이다. 2011년 10월에 ANA가 세계 최초로 보잉 787을 취항[1]했을 때, 객실에 습도계를 설치해 습도를 잰 적이 있다. 측정 결과, 습도는 항시 25% 정도를 유지했다. 10%에도 못 미쳤던 기존 여객기에 비하면 기내의 쾌적성이 대폭 향상됐음을 실감했다.

1) 우리나라에서는 2015년 8월 스쿠트항공이 인천–싱가포르 노선에 보잉 787 드림라이너를 처음으로 취항했다.
위와 같이 원서에는 없지만 이해가 필요한 부분은 각주를 달아 설명할 것이다(옮긴이).

차세대 여객기

2011년 10월 첫 취항을 해서 홍콩을 향해 이륙하는 ANA의 보잉 787.

'인간 친화적인' 기내 환경

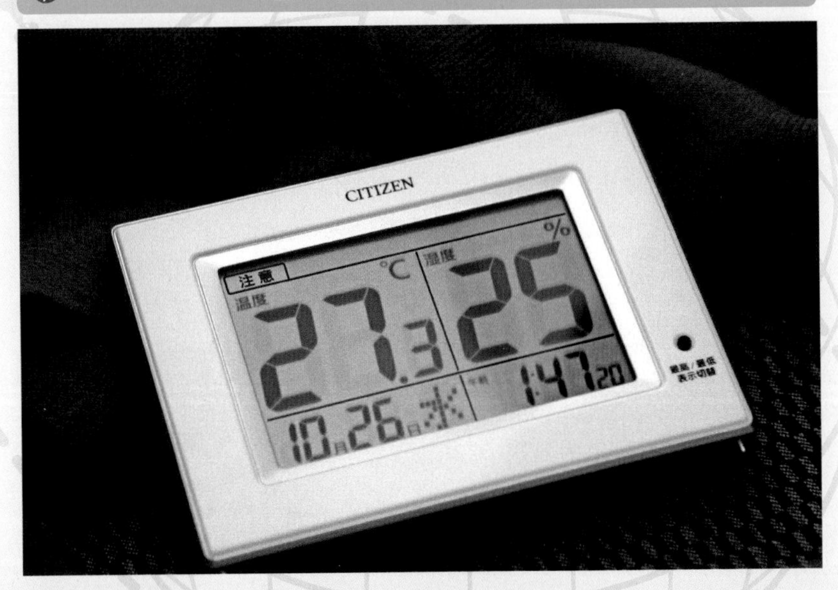

보통 10%에도 미치지 못했던 기내 습도를 보잉 787은 25% 정도로 유지한다.

003

A350XWB에서 'XWB'란?

XWB는 'extra wide body'의 약자다. A350XWB는 같은 사이즈의 기존 항공기에 비해 동체 너비를 확대해서 객실의 쾌적성을 향상시켰다.

에어버스는 A350XWB의 가장 큰 장점으로 신소재를 다량 채용한 뛰어난 환경 성능과 함께 그 쾌적성을 내세운다. 2014년 가을, 일본에 테스트기가 처음 왔을 때[2] 필자도 시승한 바 있다. XWB라는 이름에 걸맞게 가로 폭이 매우 넓고 공간 사이즈가 넉넉했다. 객실의 최대 폭은 보잉 787의 5.49 m보다 약 12 cm 넓은 5.61 m다. 좌석 배열은 항공사의 방침에 따라 달라지는데, A350 이코노미 클래스의 표준 배열인 한 열에 가로 '3-3-3'으로 아홉 좌석을 배열하면 18인치(45.7 cm)로 넓어진다.

머리 위의 수하물 선반도 대형화했다. 창가 쪽 선반에는 바퀴 달린 여행가방을 5개 수납할 수 있고, 중앙 선반에도 대형 가방 3개와 중형 가방 2개를 세로로 수납할 수 있다. 모든 클래스의 승객이 수하물을 가득 들고 타더라도 자기 좌석 가까이에 짐을 보관할 수 있어서 편리하다.

또한 객실의 바닥면은 돌출된 부분이 전혀 없이 평탄하다. 기내 배선을 모두 바닥 아래에 정리해 넣었기 때문이다.

2014년 12월 카타르항공에서 A350XWB의 1호기를 도입해 도하에서 프랑크푸르트 등으로 운항하기 시작했다. 두 번째는 2015년 여름 베트남항공에서, 세 번째는 그해 가을 핀에어에서 도입했다. 2016년 중에는 핀에어를 통해 일본에서 헬싱키까지 A350XWB를 타고 여행할 수 있게 될 것 같다. JAL은 2014년 11월에 56대를 발주해, 2019년에 수령하기 시작할 예정이다.

2) 우리나라에서는 2014년 11월 에어버스의 A350XWB가 김포에서 처음 공개됐다.

일본에 처음 날아온 날

2014년 11월에 A350XWB의 테스트기가 일본(하네다)에 도착했다.

여유 공간이 늘어난 객실

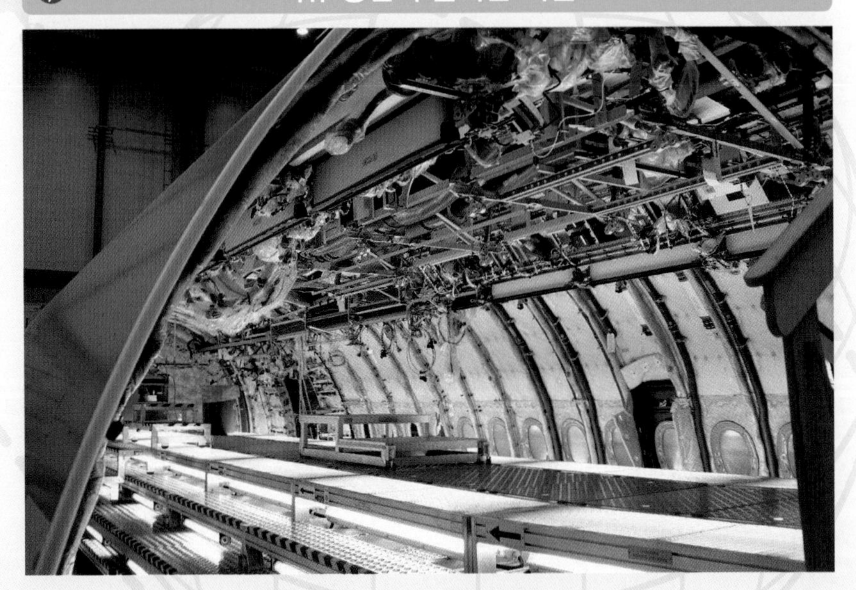

에어버스의 독일 함부르크 공장에서 A350XWB의 동체를 제작하고 있다.

세계에서 가장 멀리 날 수 있는 여객기는?

세계에서 가장 멀리 날 수 있는 여객기는 보잉 777-200LR이다. LR는 'longer range'의 약자다. '트리플 세븐'이라는 애칭으로 친숙한 777 중에서도 가장 긴 항속성능을 가진 모델이다.

대형기는 이전까지 3대 또는 4대의 엔진이 필요했지만, 요즘에는 엔진에 첨단기술을 적용하여 2대만으로도 필요한 추력을 얻을 수 있게 됐다. 그 결과, 대형이면서도 항속성능이 우수한 쌍발기가 속속 등장했다. 그중에서도 쌍발기의 가능성을 넓히는 데 가장 앞장선 기종이 777 시리즈의 장거리 모델이다.

일본에서는 JAL과 ANA가 777 시리즈를 장거리 국제선의 주력 기종으로 미주 · 유럽 노선 등에 투입한다. 두 항공사가 공통적으로 보유한 기종은 표준형 777-200과 동체 연장형 777-300 및 장거리형 777-200ER, 777-300ER 등 네 종류다. 아쉽게도 초장거리형 777-200LR는 보유하고 있지 않다.

보잉은 1986년부터 777 시리즈를 개발하기 시작해서, 14년 후 2000년 2월에 엔진을 강화하고 연료탱크 용량을 대형화한 장거리형 모델 777-300ER와 777-200LR의 개발에 착수했다. 777-200LR는 2005년 3월에 첫 비행에 성공했고, 같은 해 11월에는 지구를 동쪽으로 돌아(약 2만 1,600 km) 홍콩에서 런던까지 22시간 42분 비행하여 여객기의 항속거리 세계기록을 경신했다.

777-200LR의 공표된 항속거리는 1만 7,446 km다. 이는 도쿄에서 지구 반대편 칠레의 산티아고까지 닿는 거리다. 다음으로 항속거리가 긴 기종은 에어버스의 A340-500(1만 6,670 km)이지만, 이제는 제작하지 않는다. 3위는 에어버스의 A380(1만 5,700 km)이다.

파키스탄항공

777-200LR는 2006년 3월에 파키스탄항공에서 첫 취항을 했다.

일본의 도쿄에서 남미의 칠레까지

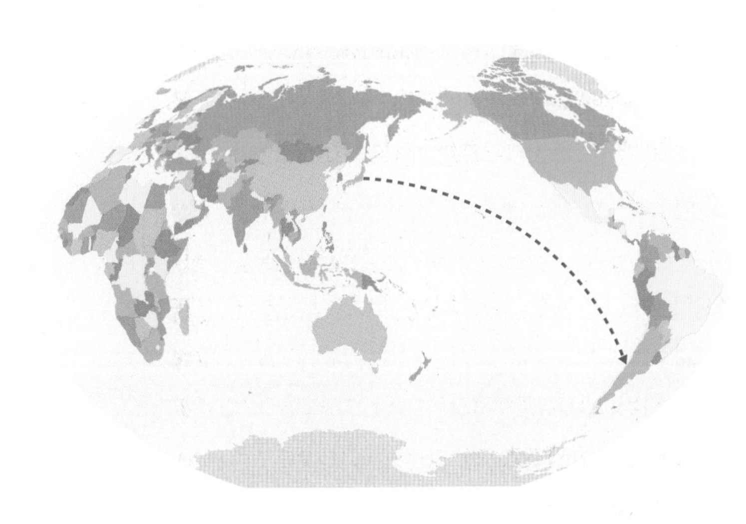

777-200LR는 일본에서 이륙하면 남미 칠레의 산티아고까지 쉬지 않고 갈 수 있다.

005

개발 중인 777X의 주날개는 접이식인가?

보잉 777 패밀리의 차세대형을 개발하기 시작했다. 프로젝트명은 '777X'다. 777-9X와 777-8X 등 두 종류로 구성되며, 2020년에 취항하는 것을 목표로 한다.

주날개를 탄소섬유 복합재로 만든다는 점이 특징이다. 날개 너비는 71.8 m나 되는데, 777-200LR/777-300ER의 64.8 m에서 7 m 커진다. 2012년 6월에 첫 취항한 차세대 점보 747-8과 비교해도 3.3 m 크다. 여기에 새로운 GE9X 엔진을 조합함으로써 높은 경제성을 실현할 것이다.

그러나 날개 너비가 확대됨으로써 큰 문제가 생겼다. 최대 너비 65 m까지의 항공기가 사용할 수 있도록 만들어진 일반적인 국제공항의 게이트를 사용하지 못한다는 문제다. 일부 공항밖에 취항할 수 없다면 당연히 판매에 악영향을 끼친다. 그래서 주날개를 '접이식'으로 만드는 계획을 생각해냈다. 그리고 지상에서는 날개의 끝부분(각각 3.5 m씩)을 위로 접어 올려 너비를 줄이는 획기적인 구상을 발표했다.

공중에서는 71.8 m의 주날개를 펼쳐서 날지만, 공항에서는 날개 끝부분을 접어서 64.8 m로 만들어 스폿에 들어간다. 2020년에 취항한 후에는 그런 독특한 스타일로 날개를 접고 휴식을 취하는 여객기를 볼 수 있을 것이다.

계획 중인 777-8X, 777-9X는 전체 길이도 기존의 777-200이나 777-300보다 약간 길어진다. 동체 바깥지름은 동일하지만, 객실 폭은 넓어지고 창문도 커진다. 기내에서는 787과 마찬가지로 가습을 할 수 있게 해서 쾌적성도 향상시킬 방침이다.

2020년 취항

'777X' 프로젝트에서 계획 중인 두 모델 777-9X와 777-8X. ©Boeing

개발자의 독특한 구상

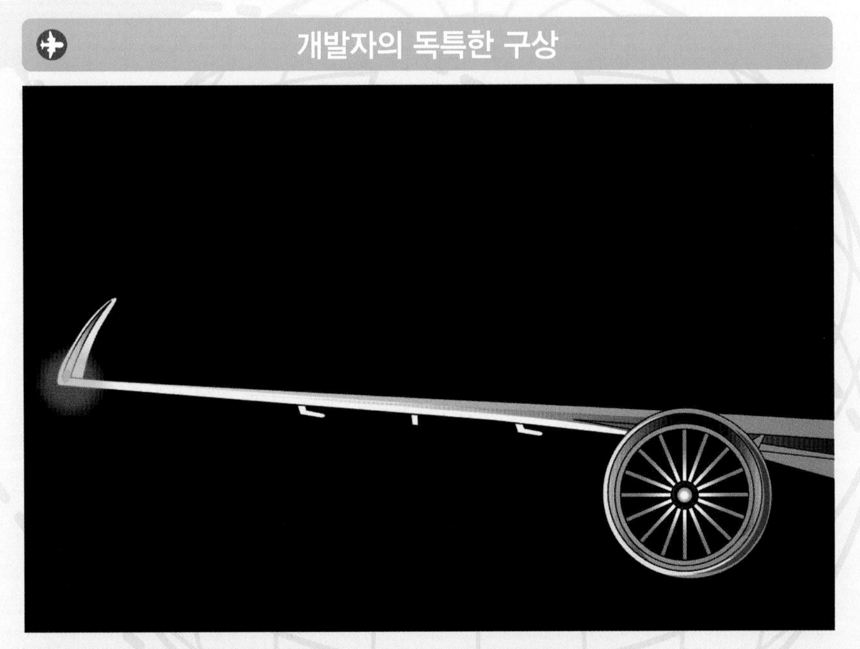

일반적인 국제공항의 게이트를 사용할 수 있도록 주날개는 '접이식'으로 만든다.

006 보잉과 에어버스의 베스트셀러 기종은?

세계의 항공사들이 가장 많이 채택한 기종은 보잉에서는 737 시리즈, 에어버스에서는 A320 시리즈다. 둘 다 단통로형 소형기다.

737은 1967년에 생산을 시작한 제1세대 737-100/737-200, 1984년부터 등장한 제2세대 737-300/737-400/737-500을 거쳐 1990년대에 완성한 제3세대 'NG(next generation)형' 737-600/737-700/737-800/737-900으로 진화했다. 2014년 4월에는 통산 8,000번째 항공기가 미국 유나이티드항공에 인도됐다.

한편 A320은 전체 길이가 각각 다른 A318, A319, A321과 패밀리를 구성한다. 1987년의 첫 비행으로부터 25년 이상 지난 지금도 시장이 꾸준히 확대되고 있고, 이미 6,400대 이상이 각 항공사에 납품됐다.

이러한 단통로형 소형기가 잘 팔리는 배경에는 대형기로 장거리를 이동하는 노선보다, 150~200명을 태우고 2~4시간 이동하는 노선의 수요가 훨씬 많다는 사실이 있다. 유럽과 아시아에서 급성장하고 있는 저가 항공사(LCC, low cost carrier)의 노선이 이에 해당하는데, 운항 기종을 737이나 A320 중 하나로 통일하는 항공사가 많다.

현재는 신형 엔진을 장착해서 환경성능을 높인 후속기 '737MAX'와 'A320neo'의 개발도 진행하고 있다. MAX라는 명칭에는 '효율과 신뢰성을 최대로, 승객의 쾌적성을 최고로 만드는 여객기'라는 목표가 담겨 있다. neo는 'new engine option'의 약자다. A320neo는 2015년 말, 737MAX는 2017년 상용 비행을 목표로 한창 개발 중에 있다.

보잉 737

주로 일본 국내선을 위주로 취항하지만 근거리 국제선에도 가끔 취항하는 JAL의 보잉 737-800.

에어버스 A320

2012년 3월에 운항을 시작한 피치항공은 기종을 에어버스 A320으로 통일했다.

007

같은 '점보'라도 종류는 다양하다?

점보기는 어느 방향에서 보더라도, 혹은 아무리 멀리 떨어진 곳에서 보더라도 대번에 "아, 점보다!"라고 알아차릴 수 있다. 747은 일본에서 특히 인기가 높아서 각지의 공항에 처음 착륙할 때면 많은 팬들이 몰려들어 구경하곤 했다.

그런데 '점보'라고 다 같은 점보가 아니라, 종류가 여러 가지다. 747-100/747-200/747-300은 '클래식 점보'라고 하며 모두 초기에 활약했다. JAL은 세계에서 가장 많은 100대 이상을 운용하여 '점보 왕국'으로도 불렸는데, JAL이 운용한 747은 무척 다양했다. 747-100 1호는 1970년 4월 팬아메리칸항공의 747이 첫 취항한 때와 같다. 747-200B는 747-100의 엔진을 개량해서 항속성능을 높히고 항속거리를 늘려 미국 직항편에 투입했다. 747-300은 클래식 점보의 마지막 모델로 2층을 후방으로 약 7 m 연장했다. 2층에만 최대 63명의 승객을 태울 수 있게 됐다. 이 형상은 후에 747-400으로 계승됐다.[3]

항공기 팬들에게 가장 친숙한 기종은 이른바 '하이테크 점보'라고 불리는 747-400이다. 주날개 끝에 장착되어 공기 저항을 줄여주는 윙릿(winglet)이 747-400의 상징이다. 조종석은 브라운관 다기능 표시 디스플레이를 다량 채용한 유리 조종석(glass cockpit)이어서 기장과 부기장 두 명만으로 운항할 수 있게 됐다. 엔진의 성능도 더 높아졌고 항속거리도 더 길어졌다. JAL과 ANA도 미국이나 유럽으로 가는 장거리 국제선의 주력 기종으로 활용한다.

3) 이 형상을 747SUD(stretched upper deck)라고 분류했다.

클래식 점보

747의 첫 모델인 747-100은 1970년에 JAL에서 도쿄-호놀룰루 간 운항을 시작했다.

하이테크 점보

신세대 기술을 투입해서 '하이테크 점보'로 탄생한 747-400.

008

일본에서만 날아다니는 점보가 있었다?

일본 국내선은 짧은 거리를 하루에 몇 번이나 왕복하기 때문에 동체와 바닥면의 구조를 강화한 특별 사양의 747–400D가 날아다녔다. 747–400D의 D는 'domestic(국내)'의 약자다. 이처럼 국내선에 특화된 점보기는 일본밖에 존재하지 않는다.

그 이전에는 747SR가 일본 국내선을 주도했던 시절도 있었다. SR는 'short range(단거리)'의 약자로, 이착륙 횟수가 많은 국내선 사정에 맞춰 개발됐다. 초기 747–100의 착륙 내구 한도가 약 2만 4,600회였던 데 비해, 747SR는 착륙 기어를 크게 강화해서 약 5만 2,000회로 늘렸다.

이런 747 패밀리를 칭송하는 항공기 팬들과 항공사 관계자들의 목소리는 지금도 끊이지 않는다.

"점보기는 기류가 나쁜 곳을 날아도 흔들리지 않고, 바람의 영향도 덜 받았습니다. 안정적이어서 조종하기 쉬웠습니다."

"갤리(주방 시설)가 넓어서 일하기 편했지요."

"객실은 다른 기종에 비해 압박감이 적고 쾌적했어요!"

"우아하게 날아오르는 자세를 뒤에서 바라보는 것을 좋아했습니다."

2011년 3월, JAL의 점보가 모습을 감췄다. 많은 항공기 팬들의 아쉬움을 뒤로한 채. 그리고 2014년 4월에는 ANA가 운항하던 점보도 모두 퇴역했다.

그러나 747의 역사가 이것으로 끝난 것은 아니다. 전설의 명품 여객기는 '747–8 인터콘티넨털'이라는 이름으로 더 업그레이드되어 돌아왔다. 747은 지금도 꾸준히 진화하고 있으며, 앞으로도 세계의 하늘에 군림할 것이다.

일본 국내의 하늘을 주도한 SR

747SR는 단거리 비행으로 이착륙 횟수가 많은 일본 시장 전용으로 개발됐다.

최신형의 데뷔

2012년 6월에 루프트한자의 워싱턴 DC 노선에서 데뷔한 차세대 점보 747-8i.

009

주날개가 동체 위쪽에 붙기도 하고 아래쪽에 붙기도 하는데, 그 이유는?

이륙해서 상승해가는 여객기를 밑에서 올려다보면 주날개가 동체의 밑부분에서 좌우로 퍼져나간 모습이 보인다. 날개가 동체의 아래쪽에 붙어 있으면 '저익(low wing)'이라는 방식이다. 좌우의 날개를 이어서 일체형으로 만듦으로써 강도를 높일 수 있고 동체 내부 공간을 최대로 활용할 수 있기 때문에 많은 승객을 태우는 여객기에 주로 채택한다.

항공기는 주날개의 부착 위치에 따라 크게 세 가지로 분류한다. 날개가 동체 중간에 붙는 것이 '중익(mid wing)'이다. 중익식은 날개와 무게중심의 위치가 가까우므로 비행이 안정적이다. 배면비행을 해도 날개의 위치가 바뀌지 않아서 평상시 감각대로 조종할 수 있기 때문에 급격한 기동을 많이 하는 곡예용 비행기나 전투기 등에 널리 채택한다.

그리고 주날개가 동체 위쪽에 붙는 형태를 '고익(hi wing)'이라고 한다. 고익식은 동체의 개구부를 크게 설계할 수 있고, 짐을 싣고 내리는 데 날개가 방해되지 않는다. 소형 프로펠러기 등에서 많이 채택한다. 더해빌런드 캐나다가 개발하고 봄바디어가 인수한 DHC-8이 대표적이라고 할 수 있다.

DHC-8은 초기의 Q100/Q200형 및 동체를 약 3.5 m 늘린 Q300이 있다. 그리고 Q400은 Q300의 동체를 약 7 m 연장하여, DHC-8 시리즈 중에서 가장 길다. Q400은 74석을 배치하여 예전의 YS-11을 능가하는 좌석으로, 현재도 지방 노선에서 활약 중이다.

세 가지 날개 부착 방식

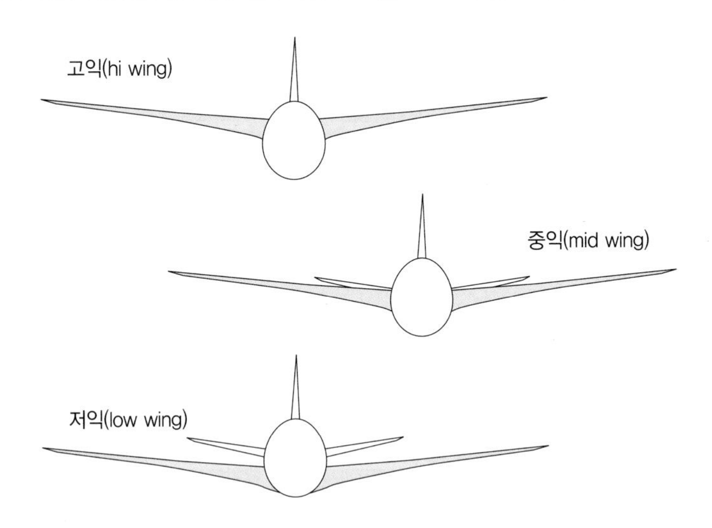

항공기는 주날개의 부착 위치에 따라 세 가지로 구분한다.

지방 노선에서

DHC-8은 고익이기 때문에 동체의 지상 높이가 낮아 타고 내리기가 편하다.

010 여객기의 엔진은 꼭 주날개에 있어야 하나?

항공기가 하늘을 날기 위해서는 기체를 들어 올리는 양력과 앞으로 나아가도록 하는 추력이 필요하다. 양력을 생성하는 역할을 담당하는 것이 좌우에 크게 뻗어 있는 주날개이고, 추력을 생성하는 것이 주날개에 달려 있는 엔진이다.

보잉이나 에어버스가 제작하는 여객기는 엔진이 2대 장착된 '쌍발기'든 4대 장착된 '4발기'든 모두 엔진을 주날개에 장착한 형상이며, 대부분의 여객기들이 이와 비슷한 형상을 띤다. 그러나 과거에 운용했던 항공기 중에는 엔진을 독특한 위치에 장착한 형상도 있었다.

실제로 얼마 전까지만 해도 여객기는 개성이 매우 강했다. 엔진을 3대 장착하여 '3발기'로 불리던 기종이 있었다. 3발이라도 엔진의 부착 위치가 조금씩 다르고 종류도 여러 가지다. 1960년대의 보잉 727은 3대의 엔진이 모두 기체 뒷부분에 있었고, 그중 1대는 공기 흡입구가 수직 꼬리날개를 관통하는 디자인이었다. 록히드의 L-1011 트라이스타[4]는 ANA의 성장에 크게 기여한 3발기였다.

1986년 3월 3일에 'ANA 직원 1만 명의 꿈'으로 불렸던 정기 국제선 개설이라는 큰 역할을 담당한 록히드의 L-1011 트라이스타 트리톤블루[5]가 287명의 승객을 태우고 나리타에서 괌을 향해 이륙했다. 롤스로이스 엔진, 곡선을 살린 꼬리날개 디자인 등, 그 독특한 형상 때문에 많은 사람들의 사랑을 받았다.

4) L-1011 도입 과정의 스캔들은 당시 수상이던 다나까를 정치적 위기로 몰아넣기도 했다.
5) ANA 여객기의 청색 도색을 가리키는 별명

인기가 높았던 3발기

엔진 3대가 모두 기체 뒷부분에 집중된 개성적인 보잉 727의 형상.

독특한 형상

일본 국내선, 지방 노선, 국제선까지 운용해온 ANA의 L-1011 트라이스타.

011 새로운 일본산 여객기 'MRJ'에 거는 기대는?

"정말 아름답구나!"

2014년 10월에 일본산 첫 소형 제트 여객기 'MRJ(Mitsubishi regional jet)'의 비행 시험용 1호기를 처음 봤을 때 무심코 튀어 나온 말이다. 미쓰비시중공업 나고야 항공우주시스템 제작소의 고마키미나미 공장(아이치 현 도미야마 정)에서 공개됐을 때의 일이다.

하얀색으로 도색된 날렵한 동체의 옆면에서 빨강, 검정, 금색의 선이 빛난다. '가부키 배우의 분장'을 이미지화한 채색이다. 공기 저항을 감소시키는 익단의 윙릿으로 갈수록 위로 젖혀지는 주날개와, 조종실 아래의 뾰족한 노즈가 지닌 근사하고 아름다운 형태가 돋보인다. 이는 공기역학을 활용해서 기체 성능을 극한까지 추구하려고 노력한 결과다.

프랫 & 휘트니(P&W)의 고효율 엔진은 기존의 동급 엔진보다 지름이 크다. 그대로 주날개에 매달면 지면에 닿을 수 있기 때문에, 주날개를 끝으로 갈수록 위로 올렸다. '차세대'라는 말의 의미를 실감케 하는 날렵한 실루엣은 이렇게 탄생했다. 유선형의 기수 역시 언뜻 보기에도 공기 저항을 억제하는 설계라는 사실을 알 수 있다.

2015년 6월 현재, 407대를 주문받았다. 일본에서도 ANA가 25대, JAL이 32대를 주문했다. 론치 커스터머(launch customer, 최초 발주자)인 ANA에 1호기가 납품되는 시기는 2017년으로 예정되어 있다. MRJ는 전 일본의 항공기 팬들이 학수고대 하고 있다. '메이드 인 저팬'의 소형 제트기는 머지않아 일본 각 지방의 하늘로 꿈을 싣고 날아오를 것이다.

롤아웃(공개)

고마키미나미 공장에서 2014년 10월에 개최된 롤아웃 행사. ©Mitsubishi Aircraft

아름다운 실루엣

최첨단 항공역학 설계를 도입해서 연비 효율도 대폭 향상시켰다. ©Mitsubishi Aircraft

012

혼다 제트에서 '상식 파괴'된 부분은?

'독특한 형태를 띤 비행기로구나' 하고 새삼 느꼈다. 혼다 제트는 완성기의 시연을 위해 2015년 4월에 일본으로 왔다. '독특한 형태'라고 말한 이유는 엔진의 장착 위치 때문이다. 보통은 엔진을 주날개 아래에 매달지만, 혼다 제트는 주날개 윗면에 올려놓았다.

항공기의 양력은 공기가 주날개 윗면으로 빠르게 흘러갈 때 아랫면과의 사이에 생기는 기압의 차이로 발생한다(56페이지 참조). 그 부압을 얻기 위해 '주날개 윗면에는 기류를 흩뜨리는 무언가를 놓아서는 안 된다'는 것이 항공역학의 상식이었다. 그러나 엔진을 주날개 아래쪽에 매달려면 동체를 높혀야 하고 항공기에 오르내리기 위한 설비(트랩 등)를 갖추어야 한다. 비즈니스 제트기 중에는 기체 후미의 양옆에 엔진을 장착하는 경우도 있지만, 그러면 동체 내부에 지지대를 설치해야 하므로 그만큼 객실이 좁아진다. 혼다의 기술자들은 '주날개 윗면에 엔진을 올려놓을 수 없을까?' 하고 고민하면서 엔진을 다양한 위치에 장착해보고 기류의 변화를 검토 · 분석하는 작업을 반복했다. 그 결과, 주날개 위쪽에 장착해도 기류가 흐트러지지 않고 공기 저항도 작은 위치를 발견했다.

혼다 제트는 MRJ와 함께 '새로운 일본산 여객기'로 기대하는 사람도 많지만, 엄밀하게 말하면 미국에 본사를 둔 혼다 에어크래프트 컴퍼니(Honda Aircraft Company)가 제작하는 미국제 여객기이므로 일본산이 아니다. 물론 구상이나 기본 설계는 일본인 직원이 담당했다. 그런 의미에서는 MRJ와 마찬가지로 '메이드 인 저팬'의 기술로 탄생한 비행기라고 해도 좋을 것이다.

공개되던 날

세계 투어의 일환으로 2015년 4월에 일본에 도착한 혼다 제트.

주날개 위에 올린 엔진

저소음의 엔진을 주날개 위에 배치한 요즘에는 보기 드문 형상이다.

013

신형기에 필요한 '형식증명'이란?

새로운 기종을 개발 · 제작해서 세상에 내놓으려면 항공기의 이착륙 성능, 각 시스템의 안전성, 환경 적합성 등의 기준을 통과했다는 증명을 해야 한다. 이를 '형식증명(type certificate)'이라고 하며, 국제적으로는 미국 연방항공국(FAA, Federal Aviation Administration) 또는 유럽 항공안전청(EASA, European Aviation Safety Agency)에서 발행하는 형식증명이 널리 통용된다.

항공기 제작사는 시험 기간을 단축하기 위해 시험 항목을 나누어 진행함으로써 여러 대의 비행 시험기를 준비한다. 형식증명을 취득할 때까지의 시험 기간은 보통 1~2년 정도다. 기체의 50% 이상에서 기존의 알루미늄 합금(두랄루민) 대신에 탄소섬유 복합재를 사용한 보잉 787은 시험 중에 예기치 않은 전기계통의 결함이 발견되어 비행시험에 1년 8개월이나 필요했다.

MRJ는 2015년 가을에 첫 비행을 실시했고, 2017년 중반에 1호기를 취항할 예정이다. 형식증명 취득을 위한 시험 기간은 약 2년이다. 최저 속도로 이륙하는 '저속 이륙 테스트', 영하 수십 도의 극한의 추위 속에서 엔진 성능을 확인하는 '혹한 테스트' 등을 시험한다. 각종 시험에서 데이터를 수집 · 분석하고 그 결과를 토대로 개량해서 최종 설계에 반영한다. 안전성을 객관적으로 증명하려면 지상에서의 시험도 빼놓을 수 없다. 고마키미나미 공장에 인접한 MRJ의 기술 시험장에서는 지상용 시험기를 활용한 피로강도 시험 등이 이어지고 있다.

일본에서의 형식증명은 국토교통성이 정하는 기준에 의거해서 국토교통 대신(교통부 장관)이 발행한다.

반복되는 극한 테스트

A380의 혹한 테스트. ©Airbus

최종 조립

미쓰비시중공업의 고마키미나미 공장에서 조립되고 있는 MRJ. ©Mitsubishi Aircraft

014

새로운 여객기가 탄생하기까지의 과정은?

첫 단계는 면밀한 설문조사다. 각 항공사로부터 요구 사항을 귀담아 듣고 장래의 시장을 예측한 후 신형기의 사양에 반영한다. 또한 실제로 개발을 시작하려면 론치 커스터머(launch customer, 최초 발주자)와의 계약도 필요하다.

항공기 제작사가 신기종 개발 · 제작에 나서려면 그 기종을 도입할 항공사로부터 '정식으로 구입할 계획이 있다'는 확증을 얻어야 한다. 항공기의 개발 · 제작에는 막대한 자금이 들기 때문에, 애써 만든 항공기가 팔리지 않는다면 기업을 지속적으로 경영할 수 없기 때문이다. 그래서 충분한 규모(대수)의 발주량을 사전에 파악하고, 생산 계획을 시작하기(launch) 위한 후원자를 구해야 한다. 이러한 후원자가 되어주는 고객을 론치 커스터머라고 부른다.

개발이 결정되면 전 세계의 협력 제작사에서 각자 담당하는 부품을 제작하기 시작한다. 예를 들어 보잉 787을 개발 · 제작할 때에 일본의 회사들이 많이 활약했다. 동체 소재로 채택된 탄소섬유 복합재는 도레이에서 공급했고, 주날개 등 주요 부품의 대다수는 미쓰비시중공업이나 가와사키중공업에서 담당했다. 완성된 주요 부품은 보잉일 경우에는 미국 시애틀의 최종 라인으로, 에어버스일 경우에는 프랑스 툴루즈의 최종 라인으로 운송하여 조립한다.

조립을 완료한 후 시험 비행을 거치면 형식증명을 취득할 수 있다. 최종 단계에서는 각 항공사가 항공기를 수령한 후에 정기운항과 완전히 동일한 조건에서 EASA와 FAA의 검증조종사(checker pilot)가 동승하여 비행한다. 공항에서 어떻게 운용하는지 확인 · 실증을 거쳐 여객기로서의 형식증명을 발급받는다.

세계 각국에서 개발 분담

미국 시애틀의 보잉 에버릿 공장에서 대형기를 조립하고 있다.

1호기 인도

2011년 9월 26일 완성된 787 1호를 ANA에 인도했다.

015 여객기에서 '기본형'과 '파생형'이란 무엇인가?

여객기는 '기본형'과 '파생형'이 있다.

파생형은 처음 만든 기본형을 토대로 하여 동체 길이를 연장하거나 엔진을 신형으로 바꿔 항속거리를 늘린다든지 하는 변형들을 말한다. 보잉 737은 파생형이 가장 많은 여객기이다. 초기의 737-100을 기본으로 NG(next generation) 시리즈라고 부르는 737-900까지 9개의 모델이 파생됐다. 동체 길이로 비교하면 737-100이 28.65 m인데 737-900은 42.1 m로, 약 1.5배 확대됐다.

동체를 늘려 파생형을 만드는 경우에는 무게중심의 위치가 바뀌지 않도록 주날개를 기준으로 전방과 후방의 두 군데를 동시에 개조하는 것이 일반적이다. 2014년 7월에 ANA에 납품된 787-9는 기본형인 787-8의 동체를 6.1 m 늘린 모델이다. 주날개를 기준으로 전방과 후방을 3.05 m씩 늘렸다. 언뜻 보기에도 꽤 날렵해졌다.

기본형보다 동체 사이즈를 단축한 파생형도 있다. 그 예로는 점보기 패밀리 중 747SP라는 모델을 들 수 있다. SP는 'special performance'의 약자이며, '뉴욕-도쿄 간을 논스톱으로 날아갈 수 있는 모델을 원한다'는 팬아메리칸항공의 주문을 받아들여 개발에 착수했다. 기본형인 747-100의 동체를 줄여서 중량을 낮춤으로써 항속거리의 증대를 꾀했다. 다만, 좌석 수를 줄인 이 모델은 수요가 늘지 않아 총 45대를 생산하는 데 그쳤다.[6]

6) KAL도 1980년대에 SP를 미국 노선에 운용한 적이 있다.

동체 기본형과 파생형

787-9는 기본형인 787-8(사진 뒤쪽)에 비해 동체를 6.1 m 연장했다.

747SP

사우디아라비아항공의 747SP. 동체를 단축하고 수직꼬리날개를 크게 만들었다.

016

봄바디어와 엠브라에르의 주목할 만한 기종은?

봄바디어는 캐나다에 본사를 둔 항공기 제작사이며 지금까지 소형, 비즈니스 제트, 수륙양용기 등을 제작했다. 일본에서는 지방 노선에서 활약하는 고익 프로펠러 DHC-8 시리즈로 잘 알려졌는데, 주목해야 할 기종은 개발 중인 차세대기 'C 시리즈'다.

C 시리즈는 봄바디어가 처음으로 도전하는 100석 이상급의 여객기다. 보잉 737이나 에어버스 A320과 강력한 라이벌 관계다. 2016년 중반부터 인도될 예정인 CS100(110석) 외에, 동체가 긴 CS300(135석)도 개발하고 있다. 스위스국제항공이 CS100과 CS300을 합쳐 총 30대를 주문한 것을 포함해, 2015년 3월 현재 주문 대수는 600대를 넘는다.

한편 엠브라에르는 1969년에 사업을 시작한 브라질의 소형 제트 여객기 제작사다. 시장점유율에서 보잉과 에어버스에 이어 세계 3위의 자리를 두고 봄바디어와 다투고 있다. 대표 기종은 'E-Jet 시리즈'다. E170(78석), E175(86석), E190(104석), E195(110석) 등 네 가지 모델이 있다.

JAL 그룹이 2009년에 E170을 도입해서 오사카 이타미 공항을 중심에 두고 76석으로 운항을 시작했다. 시즈오카 공항을 거점으로 2009년에 탄생한 후지드림항공도 E170/E175를 사용해 지방 도시를 잇는다.

2013년 6월에는 파리 에어쇼에서 차세대형 'E2 시리즈'를 발표했다. 2018년 데뷔를 목표로 삼고 최대 88석의 175형, 106석의 190형, 132석의 195형 등 세 가지 모델을 개발하고 있다.

CS100

스위스국제항공의 CS100. ©Swiss International Airlines

E170

오사카 이타미 공항을 중심으로 운항하는 JAL 그룹의 E170.

017

생산 대수가 가장 적은 여객기는?

'생산 대수가 가장 적은 여객기는?'이라는 질문을 받았을 때 가장 먼저 떠오른 기종은 유럽과 뉴욕을 3시간 만에 주파하던 초음속 여객기 콩코드다. 일반적인 여객기보다 두 배 높은 고도를 마하 2.0으로 비행했다. 누구나 그 '속도'를 체험하고 싶어 했지만, 2000년 7월에 에어프랑스항공의 콩코드가 화재로 추락하는 사고가 발생하면서, 2003년 10월에 브리티시항공의 비행을 끝으로 운항을 중단했다. 콩코드는 전부 합쳐 20대밖에 생산하지 않았다.

점보의 파생형 747SP가 45대를 생산하는 데 그쳤는데, 콩코드는 그 절반 이하다. 얼마나 적은 대수인지 알 수 있다.

과거에는 생산 대수가 더 적었던 기종이 있었다. 프랑스의 다소가 개발한 쌍발 제트 여객기 '메르퀴르'다. 다소는 보잉의 베스트셀러 737에 대응하기 위해 140석급의 제트 여객기를 계획하고, 프랑스 정부의 지원을 받아 개발을 시작했다. 메르퀴르는 파리 오를리 공항을 거점으로 하는 에르앵테르에 납품되어 1974년 6월에 데뷔했다. 메르퀴르는 원래 단거리 노선용 여객기로 개발하여 1980년대까지 1,500대를 판매할 작정이었지만, 불과 2,000 km밖에 되지 않는 항속성능 때문에 구매자를 찾을 수 없었다. 그 후에 동체를 연장한 모델이나 항속거리를 늘린 파생형을 개발하려고 했었지만, 프랑스 정부의 보조금이 끊기는 바람에 12대만 생산한 채 역사 속으로 사라졌다.

초음속기 콩코드

2003년 10월에 종언을 고한 초음속 여객기 콩코드는 총 20대가 생산됐다.

다소 메르퀴르

생산 대수가 가장 적은 기종은 프랑스 다소의 메르퀴르인데, 총 12대만 생산했다.

018

여객기의 가격은 얼마일까?

여객기의 가격은 일반적으로 '카탈로그 가격(정가표)'으로 공표된다. 보잉과 에어버스의 경쟁 기종 가격을 다음 페이지에 표로 나타냈다.

두 회사의 가장 큰 여객기를 비교해보면 보잉 747-8i가 약 441억 엔이고, 에어버스 A380이 약 514억 엔이다. A380의 사이즈가 훨씬 크므로 가격 차이가 벌어지는 것은 당연하다. 한 단계 작은 기종에서는 777-300ER가 약 396억 엔이고, 개발 중인 A350-1000/A350-900이 약 422억 엔/약 366억 엔이다. 중형기에 속하는 787-8은 약 262억 엔인데, A330-300은 약 304억 엔이다. 단통로형의 베스트셀러 기종을 비교하면 737-800이 약 112억 엔이고, A320이 약 116억 엔이다. 전체적으로는 거의 비슷하거나 에어버스 기종이 약간 비싼 정도다.

그러나 이는 어디까지나 카탈로그 가격이다. 제작사는 개발부터 제작에 이르기까지의 원가를 고려해서 적절한 이익을 얻을 수 있도록 판매 가격을 설정하기 때문에 실제 거래에서는 전혀 다른 가격이 된다. 즉 '정가'는 있으나 마나 한 것이다. 라이벌끼리의 판매 경쟁이 치열해서, 때로는 원가 이하로 거래하기도 한다.

그러면 어떤 이유로 실제 판매 가격이 달라질까? 예를 들어 초기 개발 단계에서 계약하면 20~30% 할인해주는 우대 서비스를 제공하는 경우가 많다. 구입 대수가 얼마나 많은지도 중요하다. 수십 대를 한꺼번에 주문하면 크게 할인을 받을 수 있다. 각 항공사가 실제로 항공기를 얼마에 구입했는지는 거의 공표되지 않는다.

최고액은 에어버스 A380

여객기의 카탈로그 가격

보잉(2014년)	
기종	가격
747-8i	약 441억 엔
777-300ER	약 396억 엔
787-8	약 262억 엔
737-800	약 112억 엔

에어버스(2015년)	
기종	가격
A380	약 514억 엔
A350-1000/A350-900	약 422억 엔/약 366억 엔
A330-300	약 304억 엔
A320	약 116억 엔

보잉기와 에어버스기의 카탈로그 가격표(1달러=120엔). 두 회사 모두 놀랄 만큼 고가다.

140대를 주문

A380을 세계에서 가장 많이 운용하는 에미레이트항공은 지금까지 140대를 주문했다.

019

‘정부 전용기’는 어떤 비행기인가?

국가 주요 인물이 외국을 방문할 때 사용하는 정부 전용기는 해외에서 재해나 큰 사건이 발생할 때 긴급히 파견하는 경우도 자주 있다.

미국의 경우에는 영화에도 자주 나오는 ‘에어 포스 원(Air Force One, 미국 대통령 전용기)’이 유명하다. 일본은 1992년부터 2대의 보잉 747-400을 정부 전용기로 운용하고 있다.[7)]

같은 점보지만 정부 전용기의 내부는 일반 여객기와 전혀 다르게 설계되어 있다. 집무실, 회의실, 비서관 사무실, 기자회견용 좌석 등이 있고 샤워 시설도 완비되어 있다.

“그런 호화로운 비행기라면 한번 타보고 싶어요.”

얼마 전에 고등학생이 된 친구의 딸이 이렇게 말한 적이 있다. 일반인은 꿈도 못 꾸는 비행기이지만, 탈 수 있는 가능성이 전혀 없는 것은 아니다. 총리나 각료가 해외를 방문할 때면 언론 관계자가 취재를 위해 동행한다. 정부 전용기를 타고 싶다던 그 여고생에게 “장래에 신문기자가 되면 탈 수 있을지도 몰라”라고 가르쳐주었다. 그러자 그녀는 “공짜예요?”라고 되물었다. 국민의 세금으로 구입한 비행기이므로 아무리 보도진이라고 해도 공짜로는 탈 수 없고, 에누리 없이 요금을 징수한다. 하지만 일반 여객기의 비즈니스 클래스만큼 비싸지는 않고, 아마도 이코노미 클래스 요금 정도일 것으로 보인다.

한편 현재 보유한 2대의 정부 전용기는 2018년 말에 퇴역하고, 후속 기종으로 보잉 777-300ER를 채택하기로 했다. JAL에서 정비 지원을 하다가 ANA로 변경됐다. 2015년 4월에는 새 전용기 B777-300ER의 외장 디자인도 발표했다.

7) 대한민국 대통령 전용기는 대한항공의 B747-400을 장기 임차하여 사용 중이다.

747-400으로 운용

일본은 1992년부터 2대의 보잉 747-400을 정부 전용기로 운용하고 있다.

후속 기종은 777-300ER

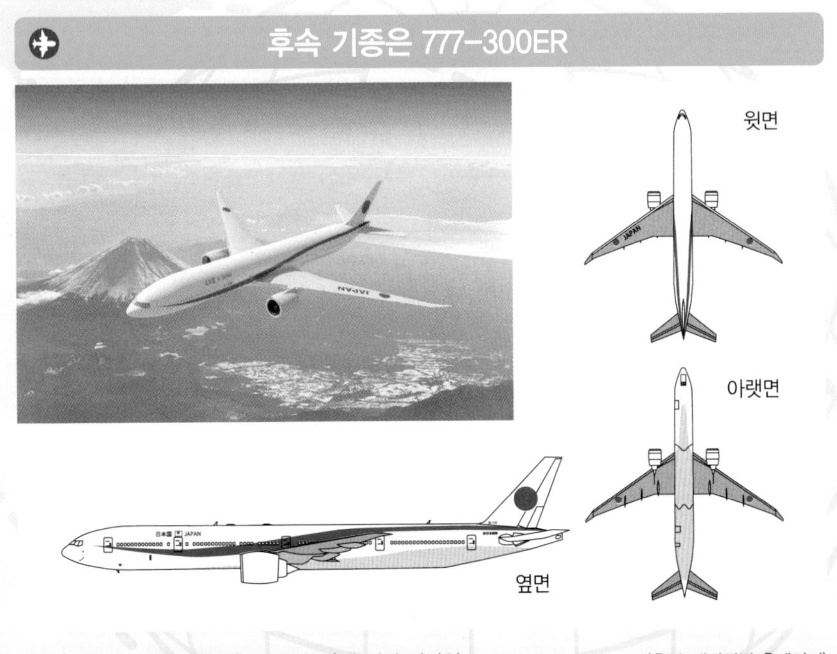

발표된 새로운 정부 전용기(777-300ER)의 외장 디자인. (출처: 내각관방 홈페이지)

020

지금도 탈 수 있는 고전풍 비행기가 있다?

'Ju52'는 1930년대에 독일의 융커스가 개발한 비행기다. 예전에 루프트한자가 베를린에서 로마나 런던까지 약 8시간에 운항했다. 승객들 사이에서는 '탄테 유(Tante Ju, 유 아줌마)'라는 애칭으로 불렸다. 현재 전 세계를 통틀어 몇 대만 비행가능한 상태로 남아 있다. 루프트한자는 1984년에 창업 60주년 기념사업의 일환으로 Ju52를 중고기 시장에서 구입했다. 그리고 이 항공기를 좋아하는 기술자들의 손으로 조심스럽게 정비하여 2010년 여름부터 정기유람비행을 부활시켰다.

많은 외국인 관광객들이 이 고전풍 항공기를 타보기 위해 프랑크푸르트 근교의 에겔스바흐 비행장에 모여든다. 터미널에서 항공기까지는 걸어서 가지만, 거기에 곧바로 타려는 사람은 아무도 없다. 오래된 친구라도 만난 것처럼 다들 사랑스럽다는 듯이 항공기를 만져보기도 한다. 그런 모습을 웃는 얼굴로 지켜보던 여성 직원은 "이렇게 Ju52를 쓰다듬을 수 있는 시간을 드리기 위해 미리미리 탑승 안내를 합니다"라고 이야기했다.

두랄루민제 물결판으로 덮인 주날개를 흥미롭게 바라보는 사람도 있다. 이 물결판 외판(corrugate)의 구조는 융커스의 숨겨진 기술이라고 할 만하다. 이런 구조로 중량을 늘리지 않고서도 기체의 강도를 높이는 데 성공했다.

정원은 16명이며, 프랑크푸르트 근교를 한 바퀴 빙 돌고 돌아온다. 비행시간은 30분~1시간이다. 매년 4월 초부터 10월 말까지 거의 매일 운항하는데, 조금이라도 더 활용할 수 있도록 한 달에 세 번 '정비일'을 둔다.

 '유 아줌마'와 유람 비행

독일 융커스의 'Ju52'는 1930년대에 첫 비행을 했다.

끊이지 않는 외국 관광객

출발 20분 전에 탑승을 시작한다. 보통은 비행 1시간 전에 좌석 예약이 모두 마감된다.

021

머지않은 미래에는 3D 프린터로 여객기를 제작한다?

"이 부품을 보십시오. 동물의 골격을 참고로 설계했습니다. 티타늄 가루를 레이저로 녹여 굳히는 3D 프린터로 만들었습니다."

에어버스의 독일 함부르크 공장에서 만난 피터 샌더 씨는 기묘한 모양의 금속 부품을 보여주며 여객기의 갤리(주방 시설)에서 조리 도구를 고정하기 위한 부품이라고 설명했다. 그는 3D 프린터를 가까운 미래의 여객기 제작에 활용하고자 연구에 몰두하는 프로젝트 팀의 리더다. 그러한 프로젝트에는 생물의 구조, 조직, 발생, 진화를 연구해서 물건을 설계하는 데 적용하는 '바이오닉 디자인(bionic design)'이 활용됐다.

"생물의 형태를 연구하면 강도와 중량 면에서 우수한 부품을 만들 수 있다는 사실을 알았습니다. 그러나 컴퓨터상에서 계산은 할 수 있지만, 조형이 너무 섬세해서 기존 제작 방법으로는 쉽게 만들 수 없었습니다. 그런데 3D 프린터를 사용하자 실제처럼 출력할 수 있었습니다. 아주 획기적인 일입니다."

3D 프린트를 한 부품은 2016년부터 실제로 여객기에 사용될 예정이다. 그러면 정비용 예비 부품의 재고를 줄이는 것도 기대할 수 있다. 몇만 점이나 되는 부품을 모두 비축해두지 않아도 필요할 때 필요한 곳에서 3D 프린트로 제작할 수 있게 되기 때문이다.

이런 구상은 부품 제작에 그치지 않는다. 그는 "이것을 보십시오"라며 담쟁이덩굴이 얽혀 있는 듯한 뼈대 모형을 내놓았다. 에어버스가 발표한 콘셉트기다. 그는 "2050년의 여객기는 새의 골격을 모방한 생체공학적 구조가 될 것입니다"라고 말했다. 이 모형 역시 그의 프로젝트 팀이 3D 프린터로 만들어냈다.

부품 생산부터

3D 프린터로 여객기를 개발하는 데 도전하는 연구 팀의 리더, 피터 샌더 씨.

새의 골격을 모방한 미래의 여객기

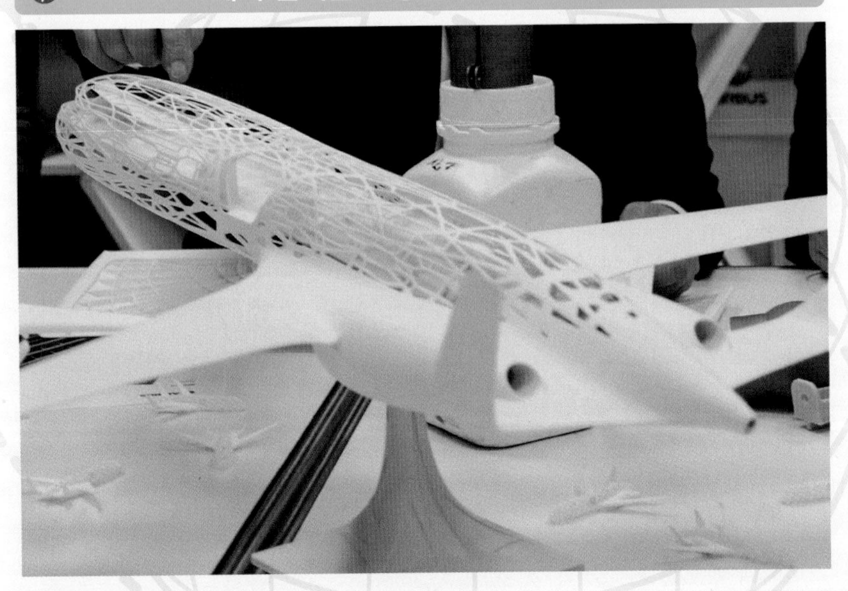

이 콘셉트기의 모형도 그의 연구 팀이 3D 프린터로 만들어냈다.

조로? 너구리?

남프랑스 툴루즈의 에어버스 본사 공장에서 겪은 일이다. A350XWB의 제작 현장을 안내해준 여성 홍보 직원이 조종실 정면에 서서 "이거 멋지죠?"라며 조종실을 가리켰다. 6개의 면으로 나뉘고 검게 칠해진 조종실의 창틀이 A350XWB의 특징이다.

나는 "일본에서도 비행기를 좋아하는 여성들 사이에서 호평이 대단합니다. 너구리가 하늘을 날고 있는 것 같아서 귀엽다더군요"라고 말했다.

"너구리요?"

"네, 너구리요. Raccoon dog."

"Raccoon dog! 어머나, 세상에! 우리는 다들 '쾌걸 조로' 같다고 말하는데요."

아, 그렇구나. 쾌걸 조로구나. 내 눈에는 아무래도 너구리로밖에 보이지 않는데…….

조종실 창틀이 검게 칠해진 에어버스 A350XWB.

제 2 장

비행에 관한 궁금증

여객기는 어떻게 하늘을 나는가?

주날개에 있는 플랩과 스포일러의 역할은?

기체에 벼락이 떨어져도 괜찮을까?

흥미를 가질수록 더 알고 싶어지는 여객기의 세계.

항공기의 구조와 메커니즘을 살펴보자.

022

최신형 항공기에 널리 사용하는 탄소섬유 복합재란?

"그 쇳덩어리가 하늘을 날다니 믿기지 않아!"

이런 식으로 말하는 사람이 꽤 있지만, 항공기는 결코 '쇳덩어리'가 아니다. 항공기가 정말로 쇳덩어리로 만들어졌다면 상당히 튼튼할 것이다. 하지만 그래서는 너무 무거워서 날기는커녕 조금도 떠오르지 못할 것이다. 항공기를 설계할 때는 '경량화'가 핵심이다.

연구 끝에 지금까지는 알루미늄 합금을 기체의 주요 재료로 사용했다. 그런데 최근에는 가벼우면서도 강도가 철의 약 8배인 탄소섬유 복합재를 많이 사용하기 시작했다. 보잉 787은 기체 전체의 50%가, 에어버스 A350XWB는 52%가 탄소섬유 복합재로 이루어져 있다.

탄소섬유 복합재는 아크릴섬유를 섭씨 약 1,000도의 특수한 조건에서 태워서 만든 지름 5마이크론의 탄소섬유 가닥을, 수지와 함께 겹치고 굳혀서 제작한다. '가볍고 강하다'는 특징을 살려 골프 클럽의 샤프트나 낚싯대를 만드는 데도 이용한다. 재료 샘플을 손에 쥐어보면 정말로 얇고 가볍다. 이런 연약한 소재로 비행기를 만들면 강도에 문제가 생기지 않을까 하고 불안해질 정도다. 하지만 787 도입에 관여한 ANA의 정비 기술자는 그런 불안을 일축했다.

"우리도 처음에는 불안해서 어떻게 파괴될지 확인하기 위해, 재료를 준비하고 두드려서 파괴해보기로 했습니다. 그런데 해머로 아무리 내리쳐도 제 손만 아플 뿐 전혀 파괴되지 않았습니다. 그래서 '강도는 걱정할 게 없다'고 다들 고개를 끄덕였습니다."

가벼우면서도 강도는 철의 8배

탄소섬유 복합재 샘플. 비중이 철의 4분의 1 정도로 가볍지만, 강도는 철의 약 8배다.

제작 라인

탄소섬유 복합재를 가공해서 A350XWB 뒷부분 동체를 만든다.

기체에 작용하는 네 가지 힘은?

하늘을 나는 비행기에는 네 가지 힘이 작용하며, 그 힘들이 서로 균형을 이룬다. 위쪽으로 작용하는 '양력', 아래쪽으로 작용하는 '중력', 진행 방향으로 작용하는 '추력', 그리고 진행 방향과 반대 방향으로 작용하는 '항력' 등이 있다. 그중에서 비행을 하는 데 중요한 힘이 양력이다.

양력은 비행기를 위로 들어 올리는 힘인데, 양력이 작용하기 때문에 거대한 여객기도 공중을 날 수 있게 된다.

큰 양력을 생성하는 핵심은 주날개의 형상이다. 여객기의 주날개를 가까이에서 관찰해보면 위쪽이 부드럽게 부풀어 있는 모습임을 알 수 있다. 엔진의 추력으로 여객기가 공기 중을 나아갈 때 공기가 날개에 닿으면, 공기는 날개 위아래로 나뉘어 흘러간다. 이때 부풀어 있는 위쪽을 통과하는 공기는 날개가 부풀어 있는 만큼 먼 거리를 지나므로 아래쪽을 흐르는 공기보다 속도가 빨라진다. 공기의 흐름이 빠른 위쪽에서는 압력이 낮아지고, 반대로 공기의 흐름이 느린 아래쪽에서는 압력이 높아진다. 유체(기체와 액체)의 속도가 높아지면 압력이 낮아지는 현상은 발견자의 이름을 따서 '베르누이의 정리(Bernoulli's theorem)'라고 한다.

날개의 위쪽과 아래쪽에서 압력의 차이가 생기면 압력이 높은 쪽에서 낮은 쪽으로 힘이 작용한다. 이것이 떠오르려는 힘, 즉 양력이다. 비행기의 주날개는 곧 '양력을 발생시키는 장치'다. 기체를 아래로 끌어내리려는 중력보다 양력이 커지면 비행기는 상승하고, 양력과 중력이 균형을 이루면 수평비행을 지속할 수 있다.

양력과 중력이 균형을 이루면

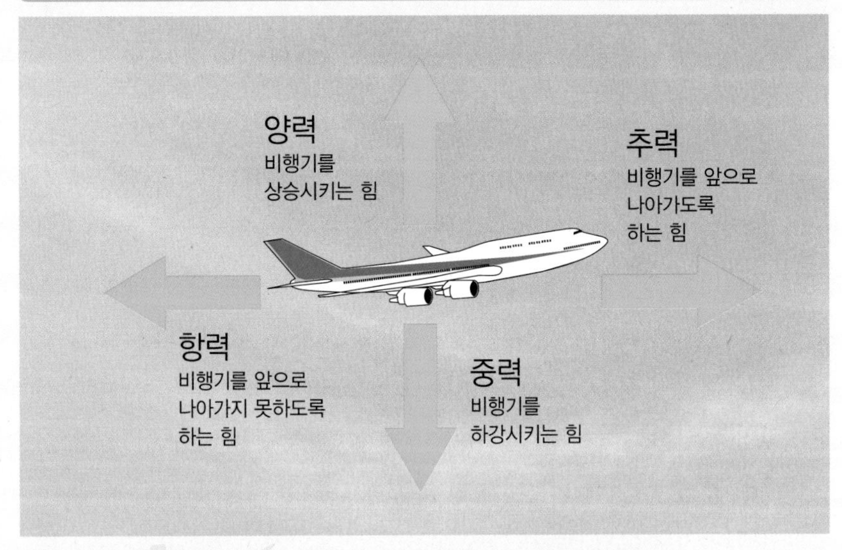

공중을 나아가는 비행기에는 '양력', '중력', '추력', '항력' 등 네 가지 힘이 작용한다.

베르누이의 정리

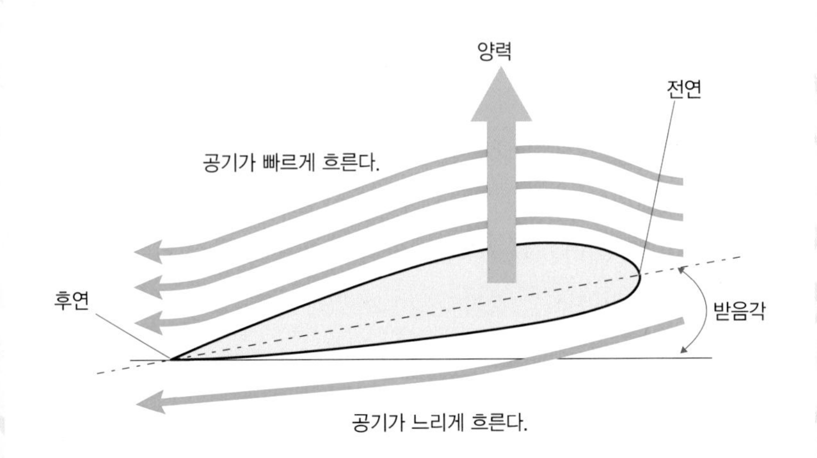

날개의 단면 형상과 공기의 흐름. 윗면을 지나는 공기는 먼 거리를 나아가기 때문에 속도가 빨라져서 압력이 낮아진다.

024

일상생활에서 '양력'을 체감하는 방법은?

여객기가 알루미늄 합금이나 새로운 복합재를 사용해서 가능한 한 가볍고 튼튼하게 만들어진다는 사실은 54페이지에서 설명했다. 그렇다고 하더라도 항공기의 중량은 상당히 크다. 대형기를 예로 들면 승객, 화물, 연료 등을 실은 상태에서의 총중량은 350~400톤이나 된다. 그 거대한 물체를 하늘로 사뿐히 날아오르게 하는 '양력'을 일상생활에서 체감하는 방법이 몇 가지 있다.

우선 숟가락을 하나 준비하고, 수도꼭지를 틀어 물을 흐르게 한다. 다음 페이지의 그림처럼 숟가락 손잡이 끝을 엄지손가락과 집게손가락으로 가볍게 잡고 늘어뜨린다. 그리고 흐르고 있는 물에 불룩한 숟가락 뒷면을 가까이 가져다 댄다. 숟가락의 둥근 부분이 물에 닿는 순간, 숟가락은 흐르는 물에 빨려들 것이다. 수도꼭지를 더 틀어서 물의 흐름을 빠르게 하면 숟가락을 끌어당기는 힘은 더 강해진다.

이 현상을 옆에서 관찰해보면 비행기의 주날개에 발생하는 양력을 이해할 수 있다. 비행기 주날개의 윗면도 둥글게 부풀어 있는데, 그 단면은 숟가락을 옆에서 본 모습과 꼭 닮았다. 숟가락에서의 수돗물의 흐름은 주날개에서의 공기의 흐름과 같다. 날개 윗면에 빠른 속도로 공기가 흐르면 '부압'이라는 공기 압력의 차이가 생겨나고, 이것이 기체를 들어 올리는 양력이 되는 것이다.

고속도로를 달리는 자동차의 조수석에서 다음 페이지의 그림처럼 손등을 둥글게 만들어서 창밖으로 내밀고 팔의 힘을 빼면, 손등 표면에 공기가 흐르면서 손이 조금씩 올라간다. 이것 역시 주날개 윗면에 공기가 흘러 양력이 발생하는 원리와 완전히 같다.

숟가락 실험으로 양력을 이해한다

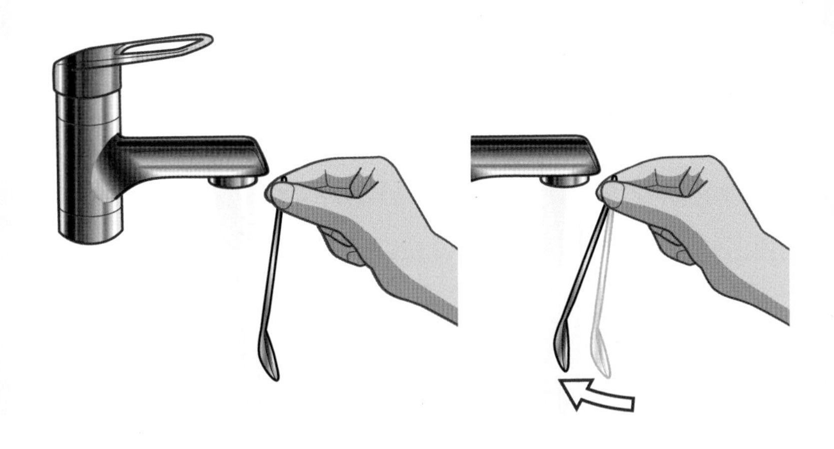

날개의 단면은 숟가락을 옆에서 본 모습과 꼭 닮았다. 따라서 이 실험으로 양력을 체험할 수 있다.

이런 방법도 있다

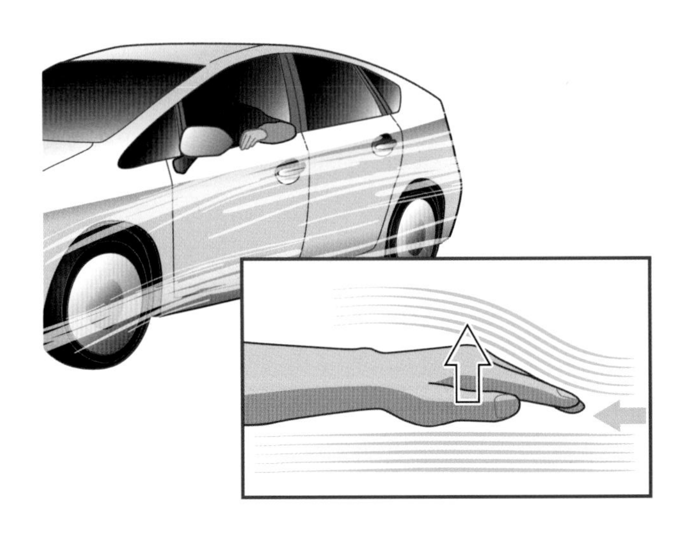

고속으로 달리는 자동차에서 손등을 둥글게 만들고 창밖으로 내밀면 손이 조금씩 올라간다.

025

주날개 끝의 불빛은 왜 왼쪽이 빨간색이고 오른쪽이 녹색인가?

여객기 주날개 끝에 켜져 있는 불빛은 왼쪽 날개가 '빨간색'이고 오른쪽 날개가 '녹색'으로 정해져 있다. 이는 항법등(navigation light)이라고 하는데, 꼭 정해진 색깔의 등을 켜야 한다. 그 이유는 자신의 진행 방향을 마주 오는 비행기에 알려주기 위해서다.

비행 중에 조종실 전방에서 다른 여객기의 불빛이 보였다고 하자. 오른쪽이 빨간색, 왼쪽이 녹색으로 빛난다면 그 여객기는 이쪽을 향해 날아오고 있는 것이다. 육안으로는 좀처럼 상황 판단을 하기 어려운 야간 비행에서 항법등은 조종사의 판단을 도와주는 중요한 신호인 셈이다.

고속으로 비행하는 중에 여객기끼리 상공에서 스쳐 지나간다면 그 모습은 조종사의 눈에 어떤 식으로 비칠까? 만약 서로의 기체가 시속 900 km로 가까워진다면 상대속도는 시속 1,800 km다. 그 속도는 우리에게 익숙한 자동차나 전철의 속도와는 차원이 다르다. 초속으로 환산하면 1초당 500 m다. 처음에는 작은 점으로밖에 보이지 않지만, 전방 5 km까지 접근하면 겨우 그것이 마주 오는 비행기라는 사실을 인식할 수 있다. 조종사가 마주 오는 비행기의 존재를 알아차리고 상공에서 스쳐 지나가기까지는 겨우 10초밖에 걸리지 않는다.

하지만 상공에서 마주 오는 비행기가 시야에 들어왔다고 해서 충돌이나 니어 미스(near miss, 비행기끼리 충돌할 위험이 있을 만큼 접근하는 일)로 이어질 우려는 없다. 지상의 관제소에서 비행기의 경로를 늘 통제하고 있기 때문이다. 게다가 같은 항로를 비행하는 경우에도 동쪽으로 향하는 항공기는 1,000피트 단위의 홀수 고도, 서쪽으로 향하는 항공기는 1,000피트 단위의 짝수 고도로 날아야 한다는 규칙을 정해두고 있다. 높은 고도에서는 2,000피트 간격으로 날아야 한다.

마주 오는 비행기에 보내는 신호

주날개의 빨간색(왼쪽 날개 끝)과 녹색(오른쪽 날개 끝)의 불빛으로 자신의 진행 방향을 마주 오는 비행기에 알려준다.

홀수 고도와 짝수 고도

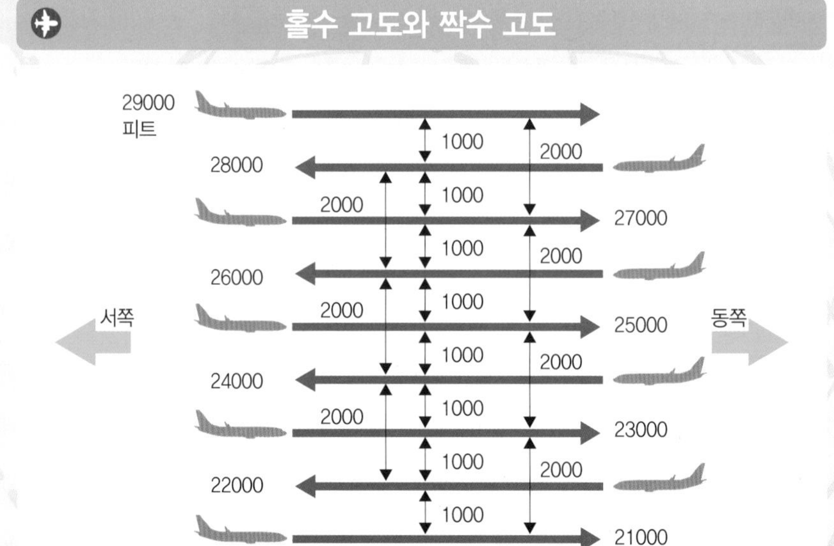

동쪽으로 향하는 항공기는 1,000피트 단위의 홀수 고도를, 서쪽으로 향하는 항공기는 1,000피트 단위의 짝수 고도를 비행한다.

026

여객기의 화장실에서는 어떻게 소량의 물로 배설물을 힘차게 흘려보내는가?

여객기의 화장실은 크게 두 가지 종류로 나눌 수 있다. '순환식'은 약간 구식이다. 화장실 바로 아래에 배설물을 저장하는 탱크가 있고, 탱크 안의 물을 순환시켜 변기를 씻어낸다.

그러나 순환식은 한정된 물을 거듭 이용하는 방식이기 때문에, 이용할 때마다 살균 · 정화된다고는 해도 사용 빈도가 높아지면 물도 점점 더러워진다는 결점이 있었다. 그래서 생각해낸 방식이 기내와 기외의 기압 차를 이용하는 '진공식'이다.

지상에서는 기내나 기외나 똑같은 '1기압'이지만, 고도 1만 m의 상공에서는 기외의 기압은 기내에 비해 뚝 떨어진다. 여기에서 핵심은 '공기는 기압이 높은 곳에서 낮은 곳으로 흐른다'는 성질이다. 진공식 화장실에서는 화장실과 탱크를 잇는 파이프가 기외로 통한다. 항공기에서 화장실을 사용한 뒤 물을 내리면 흐르는 물이 매우 소량이지만 아주 힘차게 배설물을 씻어내는 모습을 신기하게 생각한 사람도 많을 것이다. 이는 물을 내리면 파이프를 차단하는 밸브가 기외를 향해 열리고, 파이프 내의 기압이 순식간에 떨어지기 때문이다. 즉 기체에 구멍이 뚫린 것과 똑같은 상태가 되어 배설물이 탱크 방향으로 빨려 들어가게 되는 셈이다. 이때 공기는 기외로 빠져나가고 배설물만 탱크에 모이게 된다.

진공식은 탱크가 후방의 한 곳에만 있으면 되므로 순환식에 비해 기내 설계의 자유도가 높아진다는 장점도 있다. 탱크가 한 군데이면 배설물을 처리하기도 간단해지기 때문에, 새로운 여객기에는 거의 대부분 진공식을 채택하게 됐다.

최신형 화장실

새로운 여객기의 화장실은 창문을 설치하는 등 밝고 개방적으로 만드는 경우가 많다.

기내와 기외의 기압 차를 이용

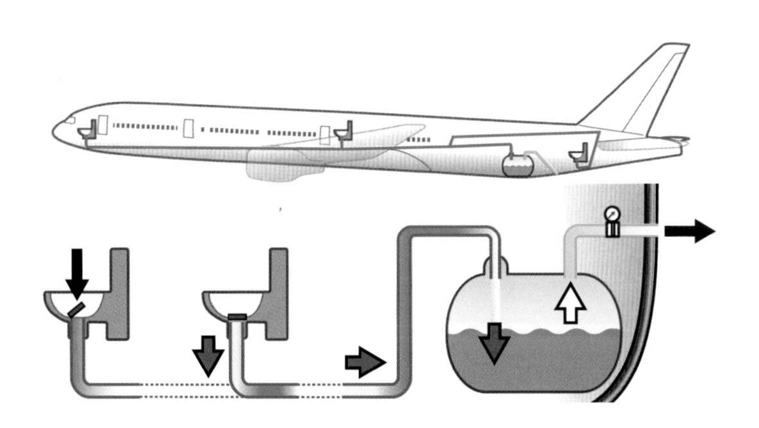

기내와 기외의 기압 차를 이용한 진공식 화장실의 구조.

027 연료탱크는 기체의 어디에 있는가?

일본에서 유럽으로 가는 장거리 노선에 운항하는 보잉 777은 연료(케로신)를 최대 약 17만 리터(큰 드럼통으로 약 850통 분량)나 적재한다. 연료의 무게만 해도 약 140톤, 즉 기체와 거의 동일한 중량의 연료를 기내에 실은 셈이다. 그런데 그토록 거대한 탱크는 여객기의 어디에 숨겨져 있을까?

대형 여객기의 연료탱크는 좌우로 길게 뻗은 주날개 내부에 마련되어 있다. 연료탱크를 이곳에 둔 가장 큰 이유는 주날개 접합부에 가해지는 힘(굽힘 모멘트)이 너무 커지지 않도록 하기 위해서다.

여객기가 비행 중일 때 양력을 발생시키는 주날개에는 위로 향하는 힘이 가해지고, 반대로 중력의 작용을 받는 동체에는 아래로 향하는 힘이 가해진다. 만약 대량의 연료를 적재한 탱크가 동체에 있어서 주날개가 가벼워지면 어떻게 될까? 위로 올라가려는 주날개가 동체의 무게를 이기지 못하고 동체와의 접합부에서 뚝 부러져버리고 말 것이다. 그러나 연료탱크를 주날개에 설치해서 주날개가 무거워지면 그 무거운 부분을 양력이 온전히 떠받쳐 들어 올리게 된다. 아래로 향하는 힘이 가해지는 동체에 이끌려 주날개가 필요 이상으로 위로 젖혀지는 것을 방지할 수 있는 셈이다.

또한 주날개 내의 연료탱크는 센터 탱크, 메인 탱크, 서지 탱크 등 몇 군데로 나뉘어 있다. 따라서 여객기가 상공에서 자세를 바꿔도 연료가 주날개 내의 이곳저곳으로 쏠려서 중량 균형을 무너뜨리는 일은 일어나지 않는다. 여객기는 연료를 계속 소비하면서 날아가도 주날개 부근에 무게중심이 유지되도록 설계한다.

드럼통으로 850통 분량!

주날개 안쪽의 급유구를 열고 다음 비행을 위한 연료를 보급한다.

세분화된 연료탱크

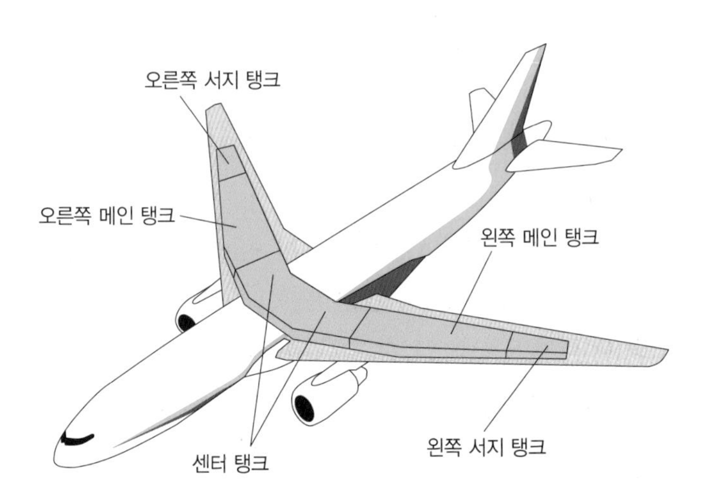

연료탱크는 센터 탱크, 메인 탱크, 서지 탱크 등으로 세분화하여 설치한다.

028

제트 연료란 어떤 것인가?

“여객기도 휘발유로 움직이나요?”라는 질문을 자주 받는다. 대답은 ‘No’다. 제트 연료는 휘발유가 아니라 ‘케로신’이다. 케로신은 석유난로에 사용되는 등유와 비슷하다.

케로신도 등유의 일종이기는 하지만, 수분이 많이 포함된 가정용 등유와는 다르다. 제트 여객기가 날아가는 고도 1만 m의 상공에서는 기온이 영하 50도 이하가 되기도 하므로, 수분이 많으면 얼어버린다. 이를 방지하기 위해 등유의 일종이지만 수분을 줄이고 순도를 매우 높인 케로신을 사용한다.

휘발유와 마찬가지로 케로신도 원유에서 만든다. 앞에서 설명했듯이 비행을 하려면 대량의 연료가 필요하기 때문에, 원유 가격이 급등하면 항공사 경영에 끼치는 영향이 매우 크다. 한 번 비행할 때마다 매출액의 30%가 연료비로 사라진다.

이전에 공항의 계류장에서 화물을 다루는 지인이 다음과 같은 이야기를 해주었다.

“여행자는 공항에서 낭만적인 이미지를 그리는 듯한데, 여기에서 날마다 일하는 우리에게는 공항이 결코 아름다운 장소가 아닙니다. 비행기 배기가스 때문에 계류장에서 작업을 마치고 나면 귓속과 콧속이 새까매집니다. 1대의 여객기가 엔진을 가열할 때 나오는 배기가스는 일반 승용차 100대분 정도에 해당한다고 합니다.”

최근에는 폐식용유를 연료로 사용하거나, 혹은 물속에서 자라는 수초 등을 원료로 만든 깨끗한 ‘바이오 연료’ 등을 실용화하기 위해 노력하고 있다. 루프트한자는 독일 국내선에서 바이오 연료를 사용하기 시작했다.

연료 저장 시설

공항 부지 내에 설치된 대규모 연료 저장 시설.

바이오 연료의 실용화

급유 작업을 하고 있는 루프트한자의 바이오 연료 급유차.

029

벼락이 떨어져도 여객기는 괜찮을까?

여객기 분야에서 벼락은 '떨어지는 것'이 아니라, '날아오는 것'이다. 평지에서 보면 번개가 위에서 아래로만 떨어지는 것처럼 보이지만, 공중에서는 벼락은 옆으로도 혹은 위로도 목표물을 공격한다. 어느 기장은 벼락의 위험성에 대해 다음과 같이 이야기했다.

"비행할 때는 기상 레이더로 경로상의 뇌운을 미리 파악하고 그 뇌운을 피하면서 날아가지만, 악천후의 상황에서는 아주 드물게 뇌운 속에서 벼락을 피하기도 합니다. 이 경우에 중요한 점은 도착한 후에 정비사에게 통고하고 기체를 꼼꼼히 점검하는 것입니다. 꼼꼼하게 점검만 한다면 벼락은 큰 문제가 아닙니다."

벼락이 사람에게 피해를 입히는 이유는 전기가 신체를 통과하기 때문이다. 벼락을 맞으면 심각한 화상을 입거나 쇼크로 심장이 멈춰서 사망에 이르기도 한다. 그러나 기내의 승객은 금속이나 복합재로 이루어진 기체 자체의 보호를 받기 때문에 안전하다. 벼락이 칠 때는 자동차 안에 있어야 안전하다고 하는데, 이는 금속 차체가 전기를 지면으로 흘려보내기 때문이다. 이와 동일한 원리가 여객기에도 적용된다.

또한 비행 중에는 항공기체와 대기의 마찰로 정전기가 발생한다. 이 정전기가 계기와 통신기기에 영향을 미칠 가능성이 있기 때문에 주날개와 꼬리날개의 여러 군데에 '정전기 방전 장치(static discharge)'를 장착한다. 이는 길이 10 cm 정도의 가느다란 막대 모양의 장치이며, 비행 중에 벼락을 맞아도 끄떡없는 피뢰침의 역할도 한다. 정전기 방전 장치는 중형기에는 20~30개, 대형기에는 50여 개 정도 장착한다.

주날개의 방전 장치

주날개의 정전기 방전 장치는 벼락을 맞아도 끄떡없는 피뢰침의 역할도 한다.

꼬리날개의 방전 장치

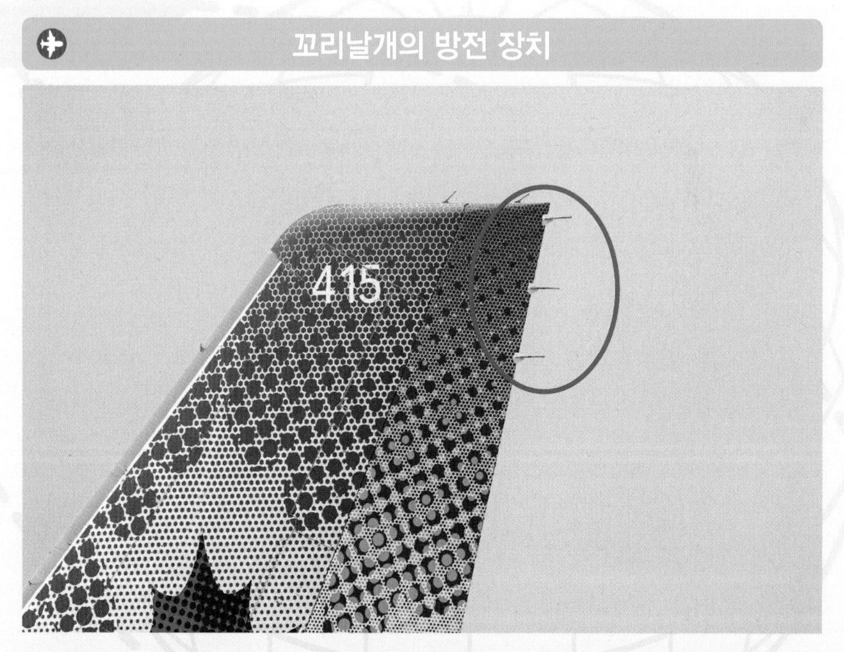

꼬리날개용 방전 장치다. 길이 약 10 cm의 막대 모양 장치로, 기체에 생기는 정전기를 방전한다.

030

윙릿을 장착한 이유는?

공원에서 아이들이 날리면서 노는 종이비행기들을 잘 살펴보면 날개 끝을 약간 접어 올린 종이비행기도 심심치 않게 볼 수 있다. 날개를 접어 올리면 공중에서 자세가 안정된다는 사실을 아이들은 잘 알고 있는 것이다.

사실 여객기도 이와 똑같은 지혜를 활용하고 있다. 좌우 주날개의 끝에 작은 날개가 하늘을 향해 쑥 솟아오른 것을 자주 볼 수 있다. 이 작은 날개를 윙릿(winglet)이라고 한다. 윙릿을 장착한 대표적인 기종은 보잉 737의 NG 시리즈, 에어버스가 개발을 추진하고 있는 A320neo, 2014년 말에 데뷔한 A350XWB 등이다. 에어버스에서는 샤클릿(sharklet)이라고 부른다.

비행기의 주날개에는 공기가 윗면에서 빠른 속도로 흐르고 아랫면에서 느린 속도로 흘러서 부압이 생기는데, 이것이 '양력'이 되어 기체를 띄운다. 하지만 날개 끝부분에서는 아래에서 위로 공기가 빠져나가 공기 저항의 원인이 되는 '익단 소용돌이'가 발생한다. 이 익단 소용돌이가 날개를 후방으로 잡아당기는 힘, 즉 항력이 되어버린다. 이때 이런 항력을 줄이는 데 큰 위력을 발휘하는 것이 바로 윙릿이다.

윙릿은 익단 소용돌이를 확산시키는 동시에 소용돌이의 기류를 앞쪽으로 향하는 양력(추력)으로 바꾸는 작용을 해서, 연비 효율을 대폭 향상한다. 여객기에서는 1990년 전후에 제작된 보잉 747-400에 도입된 것이 최초였다. 747-400에서는 주날개의 끝이 뾰족하게 굽은 형태지만, 앞서 말한 737NG 시리즈나 최신 에어버스는 주날개를 늘이듯이 부드러운 곡선을 그리며 솟아오른 형태를 채택했다.

익단 소용돌이 발생 억제

주날개 끝의 작은 날개가 하늘로 쑥 솟아오른 보잉 737-800.

스타일리시하게

에어버스 A350XWB에서도 부드러운 곡선을 그리며 솟아오른 형태를 채택했다.

031

여객기는 자력으로 후진할 수 있는가?

여객기는 공항 여객 터미널의 스폿에서 활주로로 향하는 유도로를 따라 진행할 때에는 비행할 때와 마찬가지로 제트 엔진의 추력으로 택싱(taxing, 지상 주행)한다. 바퀴는 기어를 넣고 회전시키는 것이 아니라, 단순히 회전할 뿐이다. 엔진 회전수를 최소한으로 줄여서 거의 아이들링(idling) 상태로 주행하며, 브레이크로 속도를 조절하면서 천천히 나아간다.

이미 알아차렸을지도 모르지만, 여객기는 자력으로 전진은 할 수 있어도 후진은 할 수 없다. 바퀴에는 동력이 갖춰져 있지 않기 때문이다. 그 이유는 다음과 같다.

바퀴에 동력을 갖춘다면 메커니즘이 복잡해져서 당연히 중량이 늘어난다. 여객기가 자력으로 후진할 수 있도록 하는 바퀴 구조를 채용한다면 후진용으로 별도의 엔진도 필요해진다. 승객과 연료를 실으면 300톤 이상이나 되는 기체를 움직이기 위한 상당히 힘센 엔진이 하나 더 필요해지게 되는 셈이다. 그 크고 무거운 엔진이 이륙해서 지면에서 떨어지는 순간에 더 이상 쓸모가 없어진다면 아무리 생각해도 낭비다.

그렇다면 승객이 타고 내리기 쉽도록 기수를 터미널 쪽으로 향한 채 스폿에 정지하고 있는 여객기는 출발할 때 어떻게 후진할까? 이때 등장하는 것이 지상에서 대기하던 '토잉 카(towing car)'라는 힘센 특수차량이다. 어느 공항에든 300~400톤의 여객기를 가볍게 밀 수 있는 토잉 카가 늘 대기한다. 차량 끝에 달려 있는 견인용 봉을 기체의 앞바퀴에 장착하고, 기장이 푸시백(pushback)을 요구하면 토잉 카는 기체를 밀어 천천히 움직이기 시작한다.

바퀴에 동력은 없다

여객기의 바퀴에는 동력이 없다. 단순히 회전할 뿐이다.

공항의 천하장사

아무리 거대한 기체도 가볍게 밀고 가는 토잉 카의 활약은 보기만 해도 시원시원하다.

0 3 2

플랩과 스포일러의 역할은?

여객기의 양력은 엔진의 추력으로 전진해서 주날개에 바람을 받음으로써 발생한다. 고속으로 전진해서 날개면에 흐르는 공기를 빠르게 할수록 또는 주날개의 면적이 커서 흐르는 공기가 많을수록 양력이 커진다. 상공을 고속으로 순항비행 중이라면 통상적인 날개 면적으로 필요한 양력을 얻을 수 있지만, 이착륙할 때는 양력을 얻기 힘들다. 이륙할 때는 그렇게까지 빠른 속도를 낼 수 없고, 반대로 착륙할 때는 안전을 확보할 수 있도록 일부러 속도를 떨어뜨려야 하기 때문이다. 속도가 느린 상태에서 필요한 양력을 얻으려면 당연히 날개 면적을 넓혀야 한다.

여객기의 주날개에서 면적을 넓히는 역할은 이른바 '고양력 장치'가 담당한다. '플랩(flap)'은 대표적인 고양력 장치다. 여객기가 출발 준비를 마치고 스폿에서 활주로를 향해 움직이면, 주날개 후방의 플랩이 소리를 내면서 가동하기 시작한다. 이륙 후 순조롭게 상승해서 속도가 높아지면 플랩은 원래 위치로 들어간다. 그리고 목적지의 공항에 가까워져서 다시 한 번 플랩이 가동하면 '이제 곧 속도를 줄여 최종 착륙 자세로 들어가겠구나'라고 생각할 수 있다.

또한 주날개 윗면에서 판을 세우는 듯한 움직임을 보이는 부분이 '스포일러(spoiler)'다. 스포일러는 플랩과는 반대로 양력을 없애는 작용을 하며, 비행하는 고도를 낮출 때 등에 사용된다. 양력은 속도에 비례하므로 통상적인 상태에서 고도를 낮출 때는 속도를 떨어뜨리면 된다. 긴급 상황에서 속도를 유지하면서 되도록이면 빠르게 하강하고 싶을 때 스포일러를 작동시킨다.

플랩과 스포일러를 통틀어서 '보조날개'라고도 한다.

날개 면적을 넓게

이륙할 때와 착륙할 때는 플랩을 가동해서 날개 면적을 넓힌다.

양력을 줄인다

주날개 윗면에서 판을 세우듯이 움직이는 스포일러는 양력을 없애는 작용을 한다.

033

제트 엔진의 구조는?

항공기 팬들의 아쉬움을 뒤로한 채 세계의 하늘에서 모습을 감추고 있는 점보(Boing 747)에는 4대의 엔진을 장착한다. 각 엔진의 추력은 약 25톤이며, 4대를 합쳐 총 100톤의 추력을 만들어낸다. 점보 대신 장거리 국제선의 주역으로 떠오른 777은 '쌍발'이라는 이름에서 알 수 있듯이 엔진이 2대인데, 각 엔진의 추력은 747보다 40톤 이상 크다. 그만큼 힘이 세기 때문에 2대의 엔진으로도 고속으로 날아갈 수 있다. 분출 가스는 대형 버스도 가볍게 날려버릴 수 있을 만큼 위력이 세다.

대형 여객기에 사용하는 '터보팬 제트 엔진'은 그림처럼 압축기, 연소실, 터빈으로 구성되어 있다. 압축기와 터빈은 축으로 연결되어 있고, 이 축을 중심으로 팬 블레이드가 장착되어 있다. 팬 블레이드는 선풍기 날개처럼 생긴 블레이드가 여러 겹으로 포개져 있는 모양이다. 팬 블레이드는 전방(압축기)에서 후방(연소실)으로 갈수록 크기가 작아진다.

팬 블레이드를 고속으로 회전시키면 주변의 공기가 속속 엔진 내부로 흡입된다. 블레이드의 후방으로 갈수록 지름이 작아지므로 흡입된 공기는 꽉 압축된다. 압축되어 온도가 높아진 공기를 연소실로 보내서, 연료와 혼합한 후 점화 플러그로 점화하면 연소된다. 그 연소 가스가 세차게 후방으로 배출되는 것이다.

연소 가스를 추진력으로

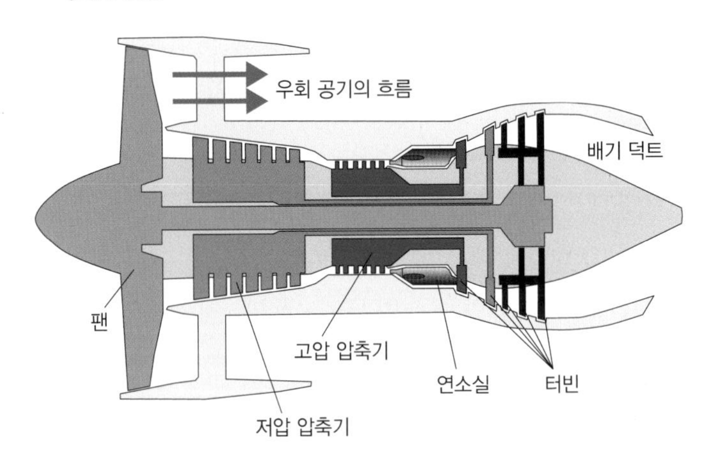

압축기, 연소실, 터빈으로 공간이 나뉘어 있는 엔진의 단면도.

꽃잎형 노즐

차세대기 787이나 747-8i의 엔진에는 소음을 억제하는 '꽃잎형' 노즐을 채택했다.

034

여객기의 타이어는 얼마나 튼튼한가?

여객기의 타이어를 가까이에서 보면 그 엄청난 크기에 압도당한다. F1 경주용 자동차의 타이어도 작지는 않지만 여객기의 타이어에 비하면 아무것도 아니다. 그리고 여객기의 타이어가 떠받치는 기체를 올려다보고 그 무게를 상상해보면 아찔하다.

보잉 777-300ER를 예로 들어 보자. 국제선에서 운항하는 경우 총중량을 300톤이라고 하자. 777의 타이어는 메인 기어에 6개씩 좌우 모두 총 12개가 달려 있으므로 한 타이어로 무려 25톤을 지지한다는 계산이 나온다. 이는 타이어 하나로 대형 트레일러 1대를 떠받치는 셈이다.

타이어에 가해지는 부담은 활주로에 착지할 때 가장 크다고 생각하기 십상이지만, 사실 착지할 때보다 이륙할 때에 타이어에 가해지는 부담이 더 크다. 이륙할 때는 연료를 가득 채운 상태여서 더 무겁기 때문이다. 속도도 당연히 이륙할 때가 착륙할 때보다 빠르며, 그만큼 타이어에 부담이 늘어난다.

300톤의 중량을 떠받쳐야 할 뿐 아니라 혹독한 조건하에서 작동해야 한다. 상공에서는 기온이 영하 50~60도로 떨어지고, 지상에서는 브레이크 열이 가해지기 때문에 타이어의 온도가 150도 정도까지 상승한다. 영하 50도에서 냉각된 타이어가 활주 중에 고온의 열을 견뎌야 하는 것은 경주용 자동차를 비롯한 다른 분야에서는 상상조차 할 수 없는 일이다.

비행 횟수가 250번에 달하면 마모된 트레드(tread) 부분을 새 것으로 가는 리트레드(retread)를 한다. 리트레드는 일반적으로 5~6번 할 수 있기 때문에, 하나의 타이어를 1,500번 정도 사용할 수 있다는 계산이 나온다.

1,500번의 비행을 견디다

타이어에 가해지는 부담은 착륙할 때보다 이륙할 때 더 크다.

300톤을 떠받친다

777의 타이어는 메인 기어에 6개씩, 총 12개다. 타이어 1개로 약 25톤을 떠받친다.

035

기체의 꼬리 부분에 있는 '보조 동력 장치'란?

공항에 계류하고 있는 여객기가 꼬리 부분에서 열풍을 내뿜는 모습을 본 적 있는가?

이것은 'APU(auxiliary power unit)'라고 하는 보조 동력 장치가 가동하고 있기 때문이다. APU는 소형 제트 엔진(GAS Turbine Engine)이라고 할 수 있다. 이 보조 동력 장치가 없으면 메인 엔진은 작동을 시작할 수 없다. 제트 여객기의 엔진은 상공을 고속으로 날아가면서 대량의 공기를 흡입함으로써 작동하기 때문에, 공항에서 휴식을 취할 때는 자력으로 움직일 수 없다.

APU는 대부분의 여객기에서 동체의 가장 뒷부분에 장착되어 있다. 배기구의 모양은 종류에 따라 다르므로 그 모양만 보고 어떤 기종인지 맞히는 항공기 팬들도 적지 않다. 공기를 빨아들이기 위한 흡입구는 동체 뒷부분의 아랫면 근처다. 기종에 따라서는 공기 흡입구에 뚜껑이 달려 있다. 그 뚜껑은 APU를 작동할 때만 열린다.

제트 엔진에 시동을 걸 때는 우선 APU로 압축 공기를 만들고, 그 압축 공기의 힘으로 압축공기시동기(pneumatic starter)를 회전시킨다. 이는 메인 엔진의 회전으로 이어진다.

여객기는 엔진이 정지하면 기내에 전력을 공급할 수 없다. 하지만 APU는 메인 엔진을 시동할 때뿐 아니라, 계류 중에 유압펌프를 구동하여 기내에서 물을 사용할 수 있도록 하거나, 객실의 조명과 에어컨을 작동시키기 위한 전력을 공급한다. 이렇게 APU는 중요한 역할을 담당한다.

777의 APU

좌우가 비대칭인 독특한 모습을 한 보잉 777의 APU 배기구.

공기 흡입구

동체 뒷부분의 윗면이 열리도록 설치된 777의 APU 공기 흡입구.

036

여객기의 날개가 날갯짓을 한다는 게 사실인가?

"엄마, 이것 보세요. 이 비행기, 날개를 파닥거리고 있어요."

이코노미 클래스의 중앙 부근, 즉 주날개의 약간 후방의 창가 쪽 좌석에 앉아 있던 남자아이가 창밖을 보면서 옆에 앉은 엄마에게 말했다.

"어머, 얘야. 비행기는 새가 아니라서 날개를 파닥거리지 않아."

엄마는 주변의 시선을 신경 쓰면서 이렇게 대답했다. 그러나 남자아이에게는 정말로 여객기가 날개를 파닥거리는 것처럼 보였을지도 모른다. 기류가 불안정한 곳을 통과할 때는 주날개가 흔들려서 위아래로 움직이는(휘는) 일이 드물지 않다.

여객기의 주날개는 스파(spar), 리브(rib), 스킨(skin)으로 구성되어 있다. 날개 끝 쪽(날개 접합부~익단)으로 몇 개의 스파가 뻗어 있고, 스파와 직각 방향(날개의 앞뒤 방향)으로 교차하는 형태로 리브가 배치되어 있다. 그 창살 같은 뼈대의 윗면과 아랫면에 창호지를 붙이는 듯한 형태로 스킨을 부착한다.

주날개는 양력을 발생시키는 역할을 한다. 그래서 비행 중에는 항상 위쪽 방향으로 젖혀지는 경향이 있다. 반대로 동체 부분은 중력이 작용해서 지면 방향으로 끌어내려진다. 따라서 주날개는 부드러운 구조로 만들지 않으면 공중에서 뚝 부러져버릴 위험성이 있다.

기류가 불안정한 곳을 통과할 때는 주날개가 위아래로 흔들리며 움직이는 것이 당연하다. 주날개를 설계할 때는 강도도 중요하지만 이러한 '유연성'도 중요하다. 날개가 유연하게 흔들려야 날개 접합부에 가해지는 힘이 분산되어 동체(객실)의 흔들림도 줄어들고, 승객도 편안한 여행을 할 수 있게 된다.

 주날개의 구조

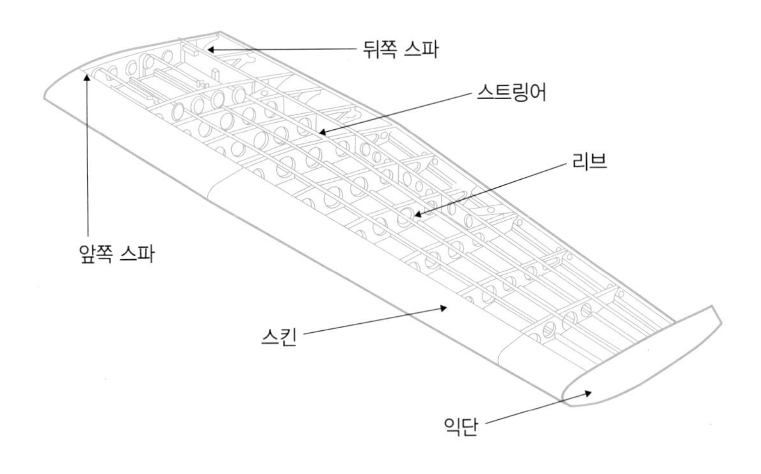

여객기의 주날개는 스파, 리브, 스킨 등으로 이루어진다.

'유연성'이 흔들림을 흡수

공중에서 부드럽게 젖혀지는 787의 주날개는 보기만 해도 아름답다.

037

비행기구름은 왜 생길까?

맑은 날에 상공을 올려다보면 푸른 하늘에 하얀 선을 그리면서 날아가는 여객기를 발견할 수 있다. 그런데 하얀 직선을 그리며 날아가는 여객기도 있는 반면, 아무것도 내뿜지 않고 날아가는 여객기도 있는데, 그 차이는 무엇일까?

추운 겨울날 아침에 숨을 쉬면 입에서 하얀 김이 나온다. 비행기구름이 생기는 원리는 이와 똑같다. 상공에 새털구름이 발생하는 조건에서는 비행기구름도 잘 생긴다. 새털구름은 이른바 '얼음 구름'인데, 수증기가 포화 상태인 영하 10도 이하의 기층에서 생긴다. 그 속을 제트기가 날아가면 배기가스 속 수분이 얼면서 진한 비행기구름이 되는 것이다. 비행기구름은 금방 사라지는 경우가 많지만, 때로는 1시간 이상 계속 남아 있기도 한다.

이전에 텔레비전의 기상 캐스터가 비행기구름으로 다음 날 날씨를 예측할 수 있다고 말한 바 있다.

"비행기구름이 보인다는 것은 상공에 수증기가 늘어났다는 증거입니다. 이는 다음 날에 구름이 많아질 가능성이 높다는 뜻입니다. 또한 같은 비행기구름이라도 직선이 아니라 물결처럼 꼬불꼬불하게 보일 때도 있지요. 이는 상공에서 강한 바람이 불고 있다는 뜻이기 때문에, 날씨가 급격히 바뀔 가능성을 시사합니다."

과연 알아두면 도움이 될 만한 지식이라고 생각한다.

한편 광고 분야에서는 하늘에 인공적으로 비행기구름을 발생시키는 방법을 쓰기도 한다. 이는 '스카이타이핑(sky-typing)'이라는 수법인데, 소형기로 점 모양의 비행기구름을 만들어서 넓은 하늘에 광고 문구를 새겨 넣는 것이다.

하늘에 그어지는 하얀 선

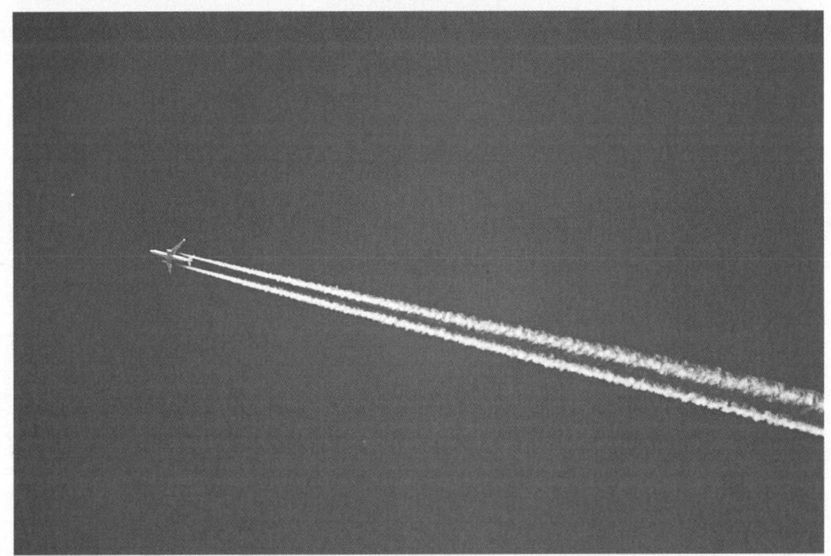

푸른 하늘에 하얀 선이 그려지는 까닭은?

상공에 수증기가 늘어나면

배기가스 속 수분이 얼어서 진한 비행기구름이 된다.

태양을 뒤쫓아

이따금 일몰 시간대에 출발하는 비행기를 이용할 때가 있다. 이때 서쪽 지평선 아래로 이미 졌던 태양을 이륙 후에 상공에서 다시 만나는 재미있는 경우가 있다. 비행기를 타고 서쪽으로 사라진 태양을 쫓아간 셈인데, 남들에게 이런 이야기를 하면 "계속 가다 보면 태양을 앞지를 수도 있지 않을까요?"라고 물어보는 사람도 있다.

태양이 움직이는 속도, 즉 지구가 자전하는 속도는 시속 약 1,680 km다. 이는 적도 부근에서 계산한 속도인데, 일본의 위도에서는 그보다 조금 느린 시속 1,370 km 정도다. 한편 여객기의 속도는 고작 시속 900 km 정도이므로, 아무리 열심히 날아가도 태양을 따라잡을 수는 없다. 이미 졌던 태양을 상공에서 다시 만나는 이유는 이륙 후 단숨에 고도를 높여 더 먼 곳까지 바라볼 수 있기 때문이다.

일몰 시간대에 출발하는 비행기를 타고 서쪽을 향하면 저녁노을을 두 번 볼 수 있다.

제 3 장

운항에 관한 궁금증

항상 왼쪽 전방 출입문으로만 타고 내리는 이유는?

갈 때와 돌아올 때 비행시간이 다른 이유는?

여객기는 어떻게 세척하는가?

이 장에서는 일상적인 운항 업무에 관한 궁금증을 살펴본다.

038

편명에 붙이는 숫자의 규칙은?

나는 JAL을 타고 핀란드 헬싱키로 갈 기회가 많다. 나리타에서 가는 편은 '413편', 헬싱키에서 돌아오는 편은 '414편'이다. 이 숫자를 보고 '홀수 편은 일본에서 해외로 가는 편에 붙이고, 짝수 편은 해외에서 일본으로 오는 편에 붙이는구나' 하고 생각하는 사람도 있을지 모른다. 하지만 같은 JAL편인데도 하루에 두 번 나리타에서 뉴욕으로 가는 여객기는 짝수인 '004편'과 '006편'이고, 뉴욕에서 나리타로 오는 여객기는 홀수인 '003편'과 '005편'이다. 홀수와 짝수가 헬싱키 노선과 반대인 셈이다. 과연 여객기의 편명을 나타내는 숫자에 공통된 규칙이란 게 있을까?

결론부터 말하면, 편명의 숫자를 붙이는 방법에 관해 모든 항공사에 공통된 규칙은 없다. 다만 일본에서는 국제선인 경우에 지구 전체적으로 봤을 때 동쪽에서 서쪽으로 향하는 편에는 홀수를, 반대로 서쪽에서 동쪽으로 향하는 편에는 짝수를 붙인다. 예를 들어, ANA의 방콕 노선에서는 나리타에서 방콕(서쪽)으로 가는 여객기에는 홀수인 '805'를, 반대(동쪽)로 가는 여객기에는 짝수인 '806'을 할당한다.

항공사에 따라서는 이와 반대로 동쪽으로 향하는 여객기에 홀수를, 서쪽으로 향하는 여객기에 짝수를 붙이기도 한다. 자국에서 타국으로 가는 편과 타국에서 자국으로 오는 편으로 나누어 홀수와 짝수를 할당하는 예도 있다. 또한 모든 항공사에서 '001/002'는 그 항공사의 주요 노선 혹은 오래전부터 존재하는 노선에 할당하는 예가 많은 듯하다. ANA는 나리타에서 워싱턴 DC로 가는 노선에, JAL은 하네다에서 샌프란시스코로 가는 노선에, 대한항공은 서울에서 나리타를 경유해서 호놀룰루로 가는 노선에 '001/002' 편명을 붙인다.

JAL의 뉴욕 노선

JAL이 나리타에서 뉴욕으로 가는 노선에 투입한 보잉 777-300ER.

홀수 편과 짝수 편

서쪽으로 향하는 여객기에는 홀수를, 동쪽으로 향하는 여객기에는 짝수를 편명에 할당하는 예가 많다.

타고 내릴 때 왼쪽 전방 출입문만 이용하는 까닭은?

여객기에는 많은 출입문이 있다. 보잉 777-300ER를 예로 들면, 출입문은 좌우에 5개씩 모두 10개다. 그런데 그렇게 많은 출입문이 있는데도 승객이 타고 내릴 때는 왼쪽 전방 출입문 한두 군데밖에 이용하지 않는다. 공항 터미널의 보딩 브리지는 반드시 기체 왼쪽 출입문에 장착된다.

왜일까? 여객기에 관한 여러 가지 용어를 살펴보면 힌트를 얻을 수 있다. 기체는 '십(ship)', 기장은 '캡틴(captain)', 객실은 '캐빈(cabin)', 객실 승무원은 '캐빈 크루(cabin crew)'라고 부른다. 이런 용어는 모두 해운계에서 유래했다. '에어포트(airport)' 역시 말 그대로 '하늘의 항구'다. 왼쪽으로 타고 내리는 것도 사실 해운계의 오래된 관행이다.

오랫동안 사람과 화물을 운송하는 중요한 역할을 담당했던 배는 왼쪽을 항구에 접안하는 것이 관례였다. 선체의 오른쪽 선미에 타판(rudder blade)이 달려 있어 접안하는 데 방해됐기 때문이다. 그 후 여객 수송의 주역이 바다에서 하늘로 옮겨가는 과정에서 항공계는 오랫동안 이어져 온 해운계의 관례를 바탕으로 발전했다. 그 과정에서 받아들인 '왼쪽으로 타고 내리는 습관'이 현재까지 그대로 이어지고 있는 것이다.

그러면 출입문 외의 다른 문은 왜 필요할까? 기내식이나 비품을 반입할 때는 주로 기체 오른쪽이나 뒷부분의 '업무용 출입문'을 사용한다. 또한 비상시의 탈출구로서도 출입문은 중요하다. 사고가 발생하면 모든 승객은 90초 이내에 탈출을 완료해야 하는 것이 규칙이다. 모든 기종에는 반드시 90초 이내에 탈출하는 데 필요한 수의 출입문을 설치해야 한다.

보딩 브리지

보딩 브리지는 왼쪽 전방 출입문에 장착하도록 정해져 있다.

업무용 출입문

계류 중에는 여러 가지 특수차량이 '업무용 출입문'을 사용해서 작업을 진행한다.

출발 시각은 어느 시점을 가리킬까?

오전 11시가 넘었다. 승객의 탑승은 순조롭고, 출발 준비도 잘 진행되고 있는 듯하다. 시각표에 탑승편의 출발 시각은 11시 20분이다. 여객기는 이제 곧 움직이기 시작할 것이다. 그때 옆자리에 있던 동행자가 불만스러운 듯 중얼거렸다.

"또 출발이 늦어지려나? 여객기 운항은 열차와는 달리 시간을 잘 안 지키는 것 같지 않아요?"

시간을 안 지킨다니? 그는 아무래도 출발 시각이 이륙하는 시점이라고 착각하는 듯하다. 우리가 이용한 11시 20분발 여객기는 11시 35분에 이륙했다. 출발 시각이란, 활주로를 떠나 날아오르는 시점이 아니라, 멈춰 있는 여객기가 움직이기 시작하는 시점을 가리킨다.

스폿에서 여객 터미널을 똑바로 마주 보며 멈춰 있는 여객기를 출발시키려면 활주로의 유도로까지 토잉 카로 푸시백해야 한다. 기체 주변에서 작업하던 정비사들은 출발 시각 5분 전이 되면 여객기에 부착되어 있던 안전장치를 푼다. 또한 기체 후방에 이동을 방해하는 물건이 없는지, 문은 모두 잠겼는지 확인한 후 블록아웃(block out, 전방 착륙 기어의 초크를 제거)을 한다. 이로써 출발 준비는 완료된다. 시각표에 기재된 출발 시각은 엄밀하게 말하면 블록아웃 시점이다.

이와 마찬가지로 도착 시각도 여객기가 목적지의 공항에 착륙한 시점이 아니다. 도착 시각은 활주로에 내린 여객기가 여객 터미널을 향해 지상 주행하고, 마셜러(marshaller, 항공기 유도사)의 유도에 따라 스폿에 정지한 시점을 가리킨다.

블록아웃

시각표에 표시된 출발 시각은 초크를 떼어내는 블록아웃 시점을 가리킨다.

정시에 출발

정시가 되면 여객 터미널에서 토잉 카에 의해 밀려 나가면서 움직이기 시작한다.

041

갈 때와 돌아올 때 비행시간이 다른 이유는?

이는 주로 '편서풍'의 영향 때문이다. 태양열로 말미암아 적도 부근이 뜨거워지고 극지방 부근이 차가워짐으로써 저위도에서 고위도로 바람이 분다. 이 바람이 지구의 자전에 영향을 받아 '서쪽으로 치우치는 바람'처럼 보이게 된다. 이것이 편서풍이다. 특히 북위 30~35도의 상공에서 부는 강한 바람을 '제트 기류'라고 한다. 제트 기류는 여름철에는 시속 100 km 정도이고, 겨울철에는 시속 300~400 km에 달하기도 한다. 이것이 항공기의 운항에도 크나큰 영향을 끼치게 된다.

기내지를 펼쳐서 '운항 노선도'로 표시된 각 노선의 비행경로를 살펴보면 출발지부터 목적지까지 하나의 선으로 그어져 있다. 하지만 실제 비행에서는 지도상의 최단 경로로 날아가는 것이 반드시 최단 시간으로 날아가는 결과로 이어지지는 않는다. 통상적으로 풍향이나 속도 등의 기상 상황을 고려해서 가장 짧은 시간에 효율적으로 날아갈 수 있는 경로를 선택한다.

예를 들어, 어느 도시에서 4,300 km 떨어진 다른 도시로 평균 시속 860 km로 비행하는 경우를 생각해보자. 단순히 계산하면 바람이 없는 상태에서는 4,300 km의 거리를 5시간 만에 날아갈 수 있다. 그러나 만약 200 km를 더 돌아가는 경로에서 시속 140 km의 '순풍'[8]이 분다면, 200 km를 더 돌아가는 경로와 최단 거리의 경로 중 어느 경로를 선택하는 것이 유리할까? 200 km를 더 돌아가면 비행 거리는 4,500 km로 늘어난다. 하지만 그 경로에서는 순풍을 받으며 평균 시속 1,000 km로 날아갈 수 있으므로 목적지까지 소요 시간이 4시간 30분이 된다. 최단 거리를 날아가는 것에 비해 30분이나 시간을 단축할 수 있는 셈이다.

8) 배나 항공기가 가는 쪽으로 부는 바람.

제트 기류

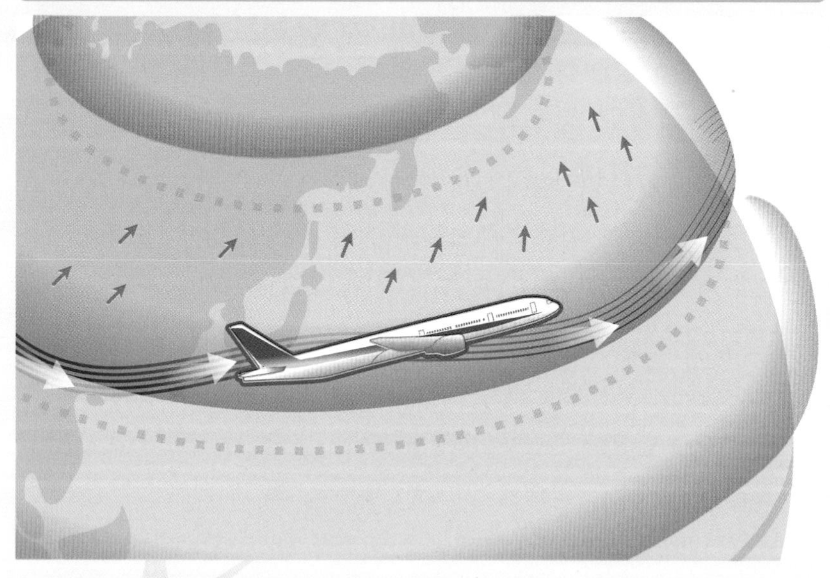

북위 30~35도의 상공에서 부는 '제트 기류'는 겨울철에는 시속 300~400 km가 된다.

경로 선택

각 비행편마다 매번 효율적인 경로를 선택한다.

비행경로는 누가 어떻게 결정하는가?

앞에서 설명했듯이, 목적지까지의 비행경로는 단 하나가 아니다. 그 날의 날씨와 풍향에 따라 북쪽으로 치우치는 경로를 택하기도 하고, 남쪽으로 치우치는 경로를 택하기도 한다. 비행하는 높이에 관해서도 기상 조건이나 다른 여객기의 운항 상황 등을 고려하면서 최적의 고도를 선택한다. 그런 경로 선택을 비롯해, 비행편마다 일일이 효율적이고 안전하게 비행할 수 있는 비행계획서를 작성하는 사람이 운항관리사(dispatcher)다.

운항관리사는 날마다 비행하기 전에 비행계획서를 토대로 기장 및 부기장과 브리핑을 한다. 우선 운항관리사가 사전에 작성한 비행계획에 관해 설명한다. 그 내용에는 날씨에 관한 최신정보, 비행경로상의 구름 모양, 흔들림의 예측, 그 비행고도를 선택한 이유 등이 들어 있다. 운항관리사가 제시한 계획서에는 목적지까지의 거리와 비행시간, 탑재연료의 양과 예상소비량, 비행경로상의 풍속 등이 모두 수치로 간략하게 표시된다.

비행계획서는 최종적으로 기장이 승인하고 사인함으로써 효력이 생기기 때문에, 브리핑에 임하는 요원들의 눈빛은 매우 진지하다. 그리고 여객기가 무사히 출발해도 운항관리사의 업무는 그것으로 끝이 아니다. 이륙 후에도 지상에서 연료의 소비 상황이나 비행상태를 감시하고, 무선으로 최신 기상정보와 공중의 상황 등을 확인한다. 문제가 발생하면 경로를 변경하도록 지시하기도 한다. 비행이 끝날 때까지는 마음을 놓을 수 없는 '지상의 조종사'라고 할 수 있다. 여객기의 안전운항은 지상에서의 면밀한 계획과 후방지원 덕분에 가능한 것이다.

비행계획서

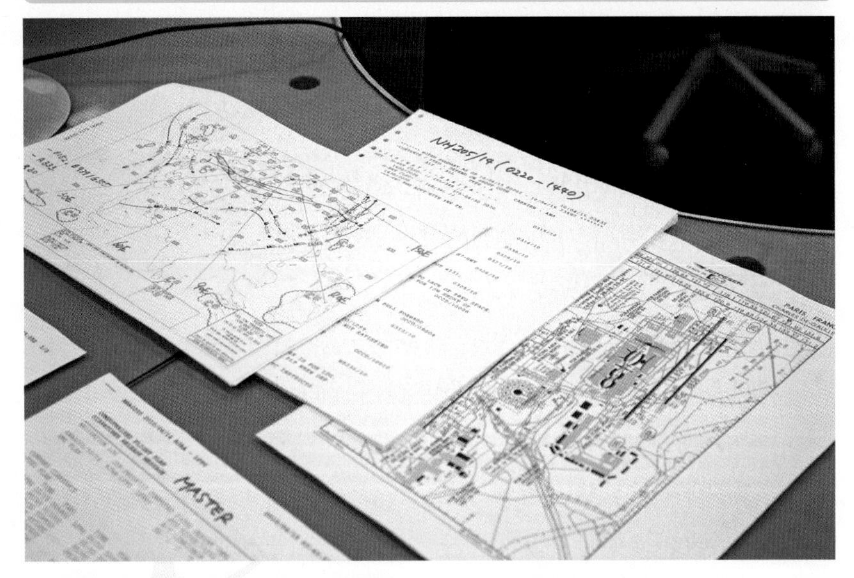

경로상의 상세한 기상 조건 등 최신 데이터를 토대로 하여 매번 비행계획서를 작성한다.

브리핑

운항관리사가 작성한 비행계획서를 토대로 조종사와 브리핑을 실시한다.

043

여객기가 출발하기 전에 객실 승무원은 어디에서 무엇을 하는가?

기내에서 만날 수 있는 객실 승무원은 언제 출근할까? 그리고 여객기가 출발하기 전에 어디에서 무엇을 하고 있을까? 이 점을 궁금해하는 사람이 많을 줄로 안다.

국제선의 경우, 객실 승무원은 여객기가 출발하기 2시간 전에 출근한다. 출근하면 가장 먼저 승무원 카운터에 들러 그날의 스케줄과, 각자의 우편함에 배포된 개별연락사항을 확인한다. 그 후 플로어의 컴퓨터와 게시판에서 필요한 정보를 체크한다.

객실 승무원의 업무 가운데 가장 중요한 일은 무엇일까? 승객을 웃는 얼굴로 대하는 일이나 맛있는 와인과 식사를 제공하는 일도 중요하지만, 객실 승무원에게 부여된 가장 중요한 임무는 '승객의 안전을 지키는 일'이다. 즉 보안 요원으로서의 역할이 가장 중요하다.

출발하기 전에 같은 비행편에 승무하는 승무원 전원이 모여 브리핑을 한다. 보안 요원으로서의 역할을 제대로 수행하기 위해 항공기의 좌석 배치도를 보면서 기내 구조를 파악한다. 그리고 긴급 상황이 벌어졌을 때 취해야 할 각자의 포지션과 행동 등을 체크한다. 또한 각자 돌아가며 자신의 역할을 이야기하고, 비상 탈출 시범 영상을 보면서 비상 탈출 절차도 확인한다.

이어서 팀장이 서비스에 관한 변경 사항이나 주의점을 설명하고 브리핑을 종료한다. 플로어의 전신 거울 앞에서 각자 옷매무새를 체크하고, 대기하고 있는 항공기로 향한다.

승무원들의 거점

나리타 공항 제1터미널에 인접한 ANA 스카이센터는 승무원들의 거점이다.

최종 체크

그룹별 브리핑에서는 긴급 상황이 벌어졌을 때의 행동이나 서비스에 관한 주의점 등을 확인한다.

044

기내 방송에서 자주 들을 수 있는 '도어 모드 전환'이란?

여객기의 출입문은 보통 바깥쪽에서 조작하도록 되어 있다. 출입문 개폐는 지상 근무자들의 역할인 것이다. 객실 승무원이 안쪽에서 직접 출입문을 열 수도 있지만, 출입문을 안쪽에서 여는 경우는 무언가 '긴급한 사태'가 벌어졌을 때뿐이다.

각 출입문 안쪽에는 비상 탈출 미끄럼대(escape slide)가 내장되어 있다. 긴급한 상황이 벌어졌을 때 안쪽에서 열면, 비상 탈출 미끄럼대에 자동으로 가스가 충전되어 출입문에서 지상이나 해면을 향해 쫙 펴지게 되는 구조다. 출입문이 열리고 나서 비상 탈출 미끄럼대가 자동으로 설치될 때까지 걸리는 시간은 10초 정도다. 공항에서 승객들이 정상적으로 타고 내리는 상황에서 이런 비상 탈출 미끄럼대가 작동한다면 크나큰 낭패가 아닐 수 없다.

그래서 여객기가 공항에 내릴 때는 도어 모드를 '디스암드 포지션(dis-armed position: 비상 탈출 장치의 작동이 해제되는 모드, 정상 위치)'으로 전환해야 한다. 탑승기가 공항에 도착해서 스폿에 정지하면 "객실 승무원은 도어 모드를 전환해주십시오"라는 기내 방송을 들을 수 있다. 이는 출입문 담당 객실 승무원에게 도어 모드를 정상 위치로 전환하라는 지시다.

그 여객기가 다음 목적지로 향하기 위한 준비를 마치고 모든 승객의 탑승이 완료되면, 기내에서는 또다시 "도어 모드를 전환해주십시오"라는 방송이 흐른다. 그러면 객실 승무원은 아까의 작업과는 반대로 비상 탈출 장치가 자동으로 작동되는 '암드 포지션(armed position, 팽창 위치)'로 전환한다.

출발할 때와 도착할 때는 승무원이 매번 수작업으로 이런 조작을 반복한다.

비상 탈출 미끄럼대

각 출입문 안쪽에는 비상 탈출 미끄럼대가 내장되어 있다.

수동 조작

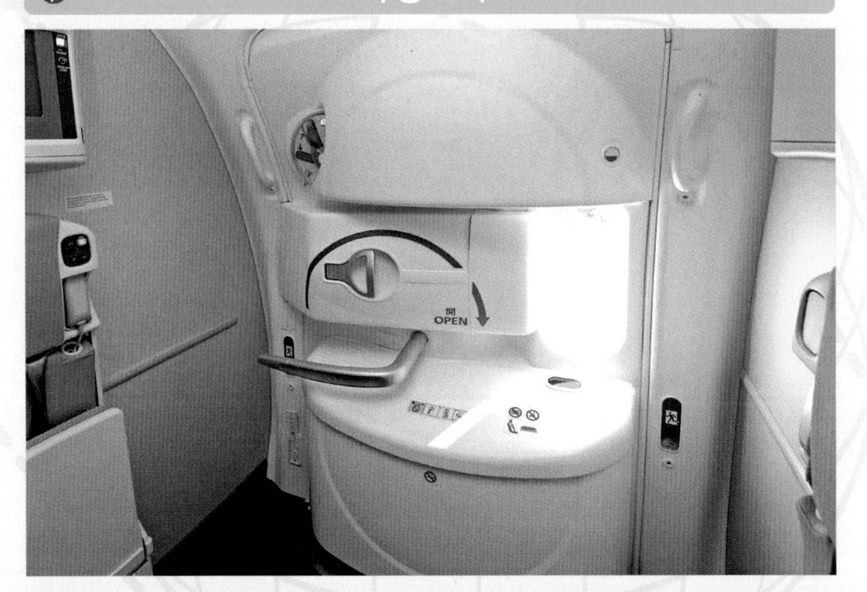

출발할 때와 도착할 때는 객실 승무원이 매번 수작업으로 '도어 모드'를 전환한다.

세계에서 가장 긴 논스톱 노선은?

예전에는 싱가포르에서 미국 뉴저지 주 뉴아크 공항으로 가는 싱가포르항공의 노선이 세계에서 가장 긴(약 1만 5,000 km) 노선으로 알려져 있었다. 에어버스의 A340-500으로 약 19시간에 걸쳐 쉬지 않고 비행했는데, 연비가 나빴기 때문에 채산이 맞지 않아 2013년 11월에 운항을 중단했다. 2015년 5월 현재에는 시드니에서 댈러스 포트워스 공항으로 가는 콴타스항공의 약 1만 3,800 km 노선이 세계에서 가장 긴 논스톱 노선이다. 이 노선은 A380으로 운항한다.

그러면 일본에서 출발하는 논스톱 편 가운데 가장 긴 노선은 무엇일까? 그것은 나리타에서 멕시코시티로 가는 에어로멕시코항공의 노선 1만 1,271 km이다. 그 외 장거리 노선으로 뉴욕까지 가는 1만 854 km 노선, 남부 애틀랜타로 가는 1만 1,024 km 노선, 이탈리아 로마로 가는 9,908 km, 뉴질랜드 오클랜드까지 가는 8,806 km 노선 등이 있다. 에어로멕시코항공의 멕시코시티행 노선은 보잉 787로 운항하며 비행시간은 13시간에 달한다.

한편 멕시코시티에서 일본 나리타까지 가는 노선은 몬테레이를 경유하기 때문에 비행시간이 약 18시간으로 늘어난다. 표고가 2,000 m 이상인 멕시코시티는 공기가 희박해서 엔진의 연소 효율이 저하되어 평지에서만큼의 추력을 얻을 수 없다. 그만큼 연료를 가득 채워 이륙하기가 힘들기 때문에 멕시코시티에서는 연료를 조금만 채운 가벼운 상태로 출발한 후, 몬테레이에 한 번 내려서 연료를 보급받아야 한다. 에어로멕시코항공은 항속거리가 늘어난 787-9로 논스톱 운항을 검토하고 있다.

1만 3,800 km와 1만 1,271 km

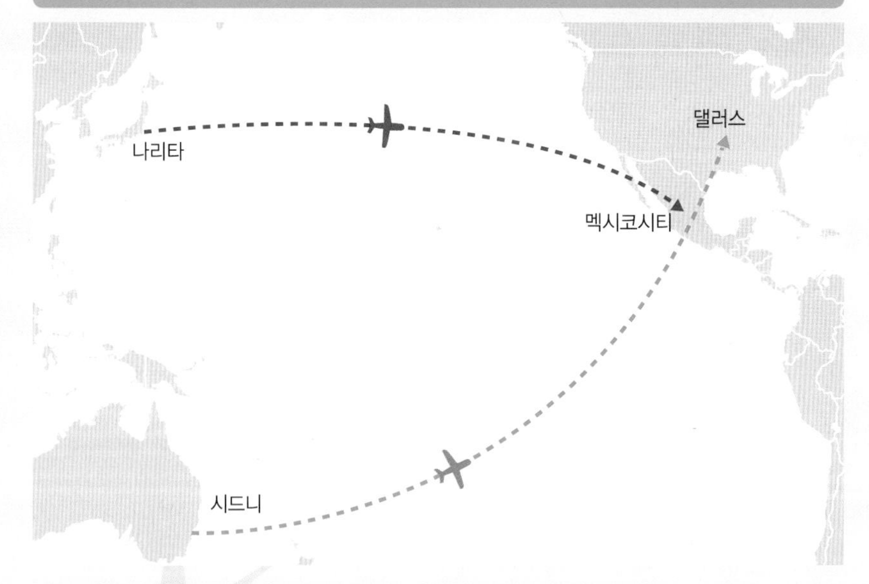

시드니-댈러스 노선이 약 1만 3,800 km이고, 나리타-멕시코시티 노선이 약 1만 1,271 km다.

멕시코시티행

에어로멕시코항공의 나리타발 멕시코시티행 보잉 787.

046

짙은 안개 속에서도 안심하고 착륙할 수 있는 까닭은?

공항 주변에서는 특히 초가을에 안개가 자주 발생한다. 야간에 차가웠다가 다음 날 아침에 태양이 떠올라서 기온이 급상승하면, 공항 일대에 짙은 안개가 자욱이 끼는 경우가 있다.

하지만 어지간한 악천후로 시야가 전혀 보이지 않는 상황이 아닌 한, 여객기의 운항에는 지장이 없다. 세계의 주요 공항에서는 짙은 안개 속에서도 안전하게 착륙할 수 있도록 'ILS(instrument landing system, 계기착륙장치)'가 갖춰져 있기 때문이다.

ILS는 공항의 지상 시설에서 지향성 전파를 발사해서 착륙 진입하는 여객기를 활주로까지 안전하게 유도하는 시스템이다. 유도 전파는 '로컬라이저(localizer)'와 '글라이드 패스(glide path)'로 이루어진다. 로컬라이저는 여객기에 진입 방향(횡위치)을 알려주는 역할을 담당하고, 글라이드 패스는 진입 각도(종위치 · 높이)를 알려주는 역할을 담당한다. 눈에 보이지 않는 이런 전파로 공중의 현재 지점에서 활주로의 착지점까지 '하늘의 길'을 만들고, 그 길을 따라 여객기를 정확히 안내한다.

ILS의 성능(운용 정밀도)은 공항에 따라 다르다. 구체적으로는 '카테고리 I'에서 '카테고리 Ⅲ'까지 나뉘고, 카테고리 Ⅲ은 'Ⅲa', 'Ⅲb', 'Ⅲc'로 세분화 된다. 카테고리의 숫자가 클수록 정밀도는 높아지고, 악천후 · 저시정 상황에서도 착륙이 가능해진다.

나리타 공항에서는 카테고리 Ⅲa로 운영하다가 2006년 4월부터 카테고리 Ⅲb로 운용하기 시작했다. 이렇게 함으로써 짙은 안개가 껴서 조종실에서 바라보는 시야가 제로인 상황에서도 안심하고 착륙할 수 있게 됐다.

진화하는 ILS(계기착륙장치)

ILS의 종류

	착륙결심고도	활주로 시정 거리
카테고리 Ⅰ	60 m 이상	550 m 이상
카테고리 Ⅱ	30 m 이상	350 m 이상
카테고리 Ⅲa	없음	200 m 이상
카테고리 Ⅲb	없음	50 m 이상
카테고리 Ⅲc	없음	없음

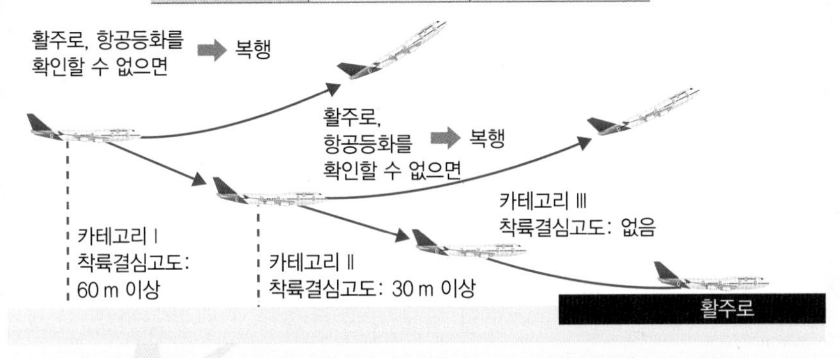

나리타, 주부, 구시로, 아오모리, 히로시마, 구마모토, 신치토세의 각 공항은 카테고리 Ⅲ을 갖추고 있다.

유도 전파를 타고

A320의 오른쪽 전방에 보이는 것이 ILS다. ILS의 신호를 이용하여 활주로에 접근한다.

여객기가 스스로 고장을 발견하고 알려준다?

항공사에서 무엇보다 중요한 것은 '안전운항'이며, 정비사들은 안전운항을 든든히 지원하는 중요한 임무를 수행하는 사람들이다. 그들이 안전하게 비행할 수 있는 상태를 확인하고 서명하지 않으면 여객기는 출발할 수 없다. 점검과 정비는 비행할 때마다 실시한다. 이런 공항에서의 정비를 '라인 정비'라고 한다.

여객기가 공항에 도착하면 정비사는 곧바로 외부점검을 시작한다. 다음 목적지를 향해 출발하기 전에 타이어의 마모, 브레이크의 이상 가열 여부, 기체 외관이나 엔진의 이상 유무 등을 꼼꼼히 체크한다.

라인 정비는 늘 시간과의 싸움이다. 여객기가 도착하고 나서 다시 출발하기까지의 시간은 국제선은 약 2시간, 국내선은 45분~1시간밖에 안 된다. 그러므로 통상적인 라인 정비는 주로 기체의 상태를 확인하거나, 필요한 오일을 보급하는 선에서 그친다. 최근 여객기는 신뢰성이 높아지고 충분히 안전을 확보할 수 있도록 만들어지지만, 그럼에도 불구하고 수리가 필요한 상황이 발견되면 짧은 시간 내에 대처해야 한다. 정비하는 데 시간이 너무 오래 걸리면 출발이 늦어질 것이다.

최신 하이테크 항공기에는 '자가진단장치'와 '운항정보교신시스템(ACARS, aircraft communications addressing and reporting system)'이 장착된다. 비행 중에 자가진단장치로 모니터한 항공기의 상태를 이것을 통해 지상에서도 확인할 수 있게 됐다. 지상에서 대기하는 정비사들은 항공기에서 보내오는 데이터로 미리 불량의 원인을 분석하고 부품을 준비해서, 한정된 시간 내에 신속히 대응할 수 있도록 준비한다.

라인 정비

여객기가 도착하고 나서 다시 출발하기까지 공항의 라인 공간에서 진행되는 라인 정비는 시간과의 싸움이다.

사전 준비

공중에서 보내오는 정보를 바탕으로 미리 준비하는 라인 정비사들.

048

LCC가 단일 기종으로 운영하는 이유는?

저가 항공사(LCC, low cost carrier)는 대형 항공사와 차별되는 비즈니스 모델로 경이적인 저운임을 실현하면서 유럽과 미국에서 발달해왔다. 대표적인 예가 미국의 사우스웨스트항공이다. 다양한 아이디어로 운항 비용을 삭감하는 사우스웨스트항공의 모델은 아시아에도 보급됐고, 일본에서도 지금까지 네 곳의 저가 항공사가 탄생했다.[9)]

저가 항공사는 기종을 한 기종으로만 통일하는 것이 특징이다. 그래야만 조종사가 비행기를 효율적으로 운용할 수 있다. 또한 아무리 운임이 저렴하더라도 '안전 면'에서 불안하다면 이용객은 싫어할 것이다. 여객기를 한 기종으로 통일하면 운영 비용을 절감할 수 있다.

현재 세계의 LCC에서 가장 많이 활용되는 기종은 에어버스 A320과 보잉 737이다. 이 두 기종은 항공기 시장의 초베스트셀러 기종이다. LCC의 '원조'인 사우스웨스트항공이나 일본춘추항공은 737을, 나머지 일본의 저가 항공사 세 곳(피치항공, 제트스타저팬, 바닐라에어)은 A320을 선택했다.[10)] 자금 부족으로 새로운 여객기 구입이 어려운 신흥 LCC도 A320이나 B737의 중고기를 선택하기도 한다.

유럽에 있는 어느 LCC의 인사 담당자가 다음과 같이 이야기했다.

"737이나 A320은 전 세계 어디서나 운용되기 때문에 경험이 풍부한 조종사가 많습니다. 자체적으로 조종사를 육성하기가 힘든 LCC라도 이 두 기종의 조종사라면 경험자를 채용하기도 쉽습니다."

9) 우리나라의 LCC로는 진에어, 티웨이항공, 제주항공, 이스타항공, 에어부산, 에어서울 등이 있다.

10) 우리나라의 경우 진에어, 티웨이항공, 제주항공, 이스타항공은 B737을, 에어부산과 에어서울은 A320을 운용하고 있다.

사우스웨스트항공

LCC의 '원조'인 사우스웨스트항공은 보잉 737만으로 운항하고 있다.

일본의 LCC

바닐라에어와 제트스타저팬은 에어버스 A320으로 운항 기종을 통일했다.

049

기체의 색깔을 각각 다르게 칠한 항공사는?

후지 산 시즈오카 공항을 거점으로 삼는 후지드림항공은 비행기마다 색깔을 일일이 다르게 칠했다.

후지드림항공은 E170(76석)과, 동체가 약간 긴 E175(84석) 등 두 기종으로 지방 노선을 운항한다. 각 항공기마다 색깔을 다르게 칠하는 멀티컬러 도색 방식을 채용해서, 공항을 방문하는 항공기 팬들로부터 '컬러풀하고 화려해서 보기만 해도 즐겁다'는 평가를 들으며 인기를 끈다.

첫 번째부터 네 번째까지는 E170이다. 색깔은 첫 번째가 레드, 두 번째가 라이트블루, 세 번째가 핑크, 네 번째가 그린이다. 다섯 번째부터는 E175를 도입했다. 다섯 번째가 오렌지, 여섯 번째가 퍼플, 일곱 번째가 옐로, 여덟 번째가 티그린이다. 항공기 기체가 도입될 때면 항공기 팬들 사이에서는 으레 '색깔 맞히기' 이벤트가 실시된다. 2015년 3월에 도입한 아홉 번째의 색깔을 맞히는 이벤트에는 5,000통이 응모됐다고 한다. 아홉 번째 색깔이 예상 외로 골드 메탈릭으로 발표되자 깜짝 놀란 사람도 분명히 많았을 것이다.

후지드림항공은 시즈오카 공항이 개항한 2009년부터 활동을 시작했다. 초기에는 시즈오카를 축으로 삼아 고마쓰, 구마모토, 가고시마 등을 연결했다. 그러다가 JAL의 경영이 파탄되면서부터 새로운 전기를 맞이했다. 후지드림항공은 JAL로부터 시즈오카에서 신치토세나 후쿠오카로 가는 노선을 이어받았다. JAL이 유일하게 취항했던 마쓰모토 공항 노선이나 JAL 그룹의 J에어가 운항하던 현영 나고야 공항발 노선도 물려받았다. 2015년 5월 현재, 현영 나고야 공항과 마쓰모토 공항에서 정기편을 운항하는 항공사는 후지드림항공이 유일하다.

멀티컬러 도색

멀티컬러 도색을 한 후지드림항공의 기체들이 후지 산 시즈오카 공항에 늘어서 있다.

골드 메탈릭

2015년 3월 아홉 번째로 도착한 E170의 색은 골드 메탈릭이다.

050

이착륙할 때 디지털카메라 촬영이 허용되는가?

여행 잡지 등에 비행기 여행 기사를 쓸 때 기내 창문으로 촬영한 사진을 함께 실으면 지면이 화려해져서 좋다. 하지만 상공에서 사진을 찍으면 구름밖에 보이지 않는 경우가 대부분이다. 그래서 나는 예전부터 이륙 직후나 착륙 직전에 보이는 화려한 시가지를 촬영하고 싶었다. 하지만 예전에는 이착륙할 때 디지털카메라를 포함한 전자기기 사용이 금지되어 있었다. 조종에 영향을 줄 우려가 있기 때문이었다.

그런데 2014년 9월 1일에 항공기 기내에서 사용할 수 있는 전자기기의 제한이 완화되어, 이전까지는 계류 중 또는 순항 비행 중에만 허가됐던 디지털카메라 촬영이 이착륙 시에도 가능해졌다. 유럽과 미국에서 전자기기 사용제한 완화 조치가 취해지자, 일본 국토교통성 항공국에서도 2014년 3월부터 전문가 회의와 검토를 거쳐 전자기기 사용제한 완화를 결정했다. 이런 결정을 내리기 전에 보잉 777과 787, 에어버스 A320과 A330 등 일본의 각 항공사가 운항하는 대표적인 기종으로 실험을 했다. 기내 또는 기외에서 발신된 전파가 기체의 전기기기에 과연 영향을 주는지 확인해본 것이다. 실험 결과, 현재 운항되는 대부분의 여객기는 전파에 대한 내구성이 뛰어나다고 증명됐다.

이번 제한 완화 조치로 사용할 수 있게 된 것은 디지털카메라뿐만이 아니다. 휴대전화나 스마트폰의 전원도 비행기 모드로 설정하면 이착륙 시에도 켜놓을 수 있게 됐다. 이륙 · 상승 중에 창문으로 보이는 풍경을 촬영할 수 있게 됨으로써 비행기를 타는 즐거움이 하나 더 늘었다. 목적지의 공항에 도착한 후 스폿으로 지상 주행하는 사이에 마중 나온 친구들에게 '지금 도착했어'라는 문자를 보낼 수도 있기 때문에 더욱 편리해졌다.

비행이 더 즐거워지다

기내에서 전자기기 사용제한이 완화되어, 이착륙 시에 디지털카메라로 촬영할 수 있게 됐다.

기내 창문으로 보이는 장관을 찍다

이륙 · 상승 중인 기내에서 이런 장관도 찍을 수 있게 됐다.

051

여객기는 어떻게 세척하는가?

전 세계를 날마다 분주하게 돌아다니는 여객기도 휴식 시간이 필요하다. 휴식 시간에는 점검이나 정비를 받지만, 때로는 '목욕'을 하기도 한다. 기체를 세척하는 일은 안전운항을 위해서 빼놓을 수 없는 중요한 작업이다. 정기적으로 세척하면 미관을 유지할 수 있을 뿐 아니라, 금속 부품의 부식을 방지하고 연비효율을 개선하므로 환경 보전에도 도움이 된다.

여객기의 세척은 보통 수작업으로 진행된다. 세척 횟수는 기종과 항공사에 따라 다르지만, 대체로 한 달에 한두 번 정도 실시한다. 대형기의 경우에는 20명이나 되는 인원이 분담해서 세척 작업을 진행하며, 한 대를 다 씻는 데 4~5시간이 걸리는 고된 작업이다.

예전에 나리타 공항의 정비 에이프런에는 JAL이 운용하던 세계에서 유일한 대형 여객기 자동세척장치가 있었다. 보잉 747의 세척을 위해 개발된 이 철골제 세척장치는 폭 약 90 m, 높이 약 26 m, 길이 약 100 m였다. 가까이에서 보면 마치 거대한 정글짐 같다. JAL과 가와사키중공업이 총공사비 20억 엔과 10년의 세월을 들여 공동으로 건설했다.

이 세척장치를 가동하면서부터는 20명이 4~5시간 걸리던 세척작업을 5명이서 100분 만에 끝낼 수 있었다. 살아 있는 동물처럼 움직이는 16대의 로봇이 유기적으로 움직이는 광경은 압권이었다. 747을 세계에서 가장 많이 보유해서 '점보기 왕국'으로 불렸던 JAL이었기에 필요한 장치였다.

이 자동세척장치는 747이 퇴역한 후 해체됐고, 나리타의 명물이 또 하나 조용히 모습을 감추었다.

20명이서 4시간 동안

대형기 세척은 20명이나 되는 인원이 4~5시간 들여 수작업으로 진행한다. ©JAL

환상의 세척장치

예전에 나리타 공항의 정비 에이프런에 있었던 세계에서 유일한 대형 자동세척장치.

052

하늘의 '교통정리'는 누가 하는가?

여객기를 안전하게 운항하는 데는 '항공관제사'들의 활약도 빼놓을 수 없다. 공항에 가면 꼭대기 부분이 유리창으로 된 유달리 높은 탑이나 건물을 볼 수 있다. 이것이 관제탑(control tower)이며, 공항 기능에서 매우 중요한 시설이다. 이곳에서 여객기의 이착륙이나 지상 주행 등에 필요한 지시를 내리고 통제하는 사람이 항공관제사다.

항공관제사에게는 절대적인 권한이 부여되며, 조종사는 관제사의 지시를 거부할 수 없다. 공항 상공까지 와도 관제탑에서 '클리어 투 랜드(clear to land, 착륙 허가)'라는 지시를 듣기 전에는 활주로에 착륙해서는 안 된다고 항공법에 규정되어 있다. 또한 관제사들의 업무 무대는 공항뿐만이 아니다. 관제 영역을 비행하는 모든 여객기는 항공교통관제 센터의 레이더로 일괄 관리를 받는다.

항공관제사는 국가공무원이며, 항공관제사 채용 시험에 합격해서 채용되면 국토교통성의 직원이 된다. 그 후에는 항공보안대학교에 입학해서 1년 동안 기초 연수를 받는다. 채용 시험에서는 업무에 필요한 어학 능력이나 기억력을 테스트하는데, 경쟁률이 30대 1이나 되는 어려운 관문이다. 연령 제한(21세 이상~30세 미만)은 있으나 학력 제한은 없으며, 장기간의 훈련을 반복하기 때문에 강한 정신력이 요구된다.[11)]

11) 우리나라에서 항공교통관제사가 되기 위해서는 항공교통관제관련 학과를 졸업하고 자격증을 취득하거나, 국토교통부 지정 전문교육기관에서 소정의 과정을 이수하고 실무 경력을 쌓은 후 항공교통관제사 자격시험에 응시할 수 있다. 항공교통관제사 자격증 소지자로 영어구술능력증명 4등급 이상이어야 국토교통부의 공무원 채용시험에 응시 자격이 된다. 또한 조종사에게 분명하고 신속한 지시어를 전달해야 하므로 정확한 발음과 음의 고저와 크기의 차이를 구분할 수 있는 청력과 시력을 필요로 한다. 그 외에도 관제사는 상황에 필요한 기억력과 이해력, 신속한 결정을 내릴 수 있는 판단력, 집중력이 요구된다.

공항의 관제탑

윗부분이 유리창으로 된 유달리 높은 건물이 공항의 관제탑이다.

여객기 감시

공항 내의 여객기를 감시하고 '이륙' 등을 허가하는 항공관제사.

비행시간은 단 3분

오키나와 본도와 낙도를 잇는 류큐에어코뮤터항공(RAC)은 '일본에서 가장 짧은 정기편'을 운항한다. 나하에서 동쪽으로 350 km 떨어진 태평양에는 미나미다이토 섬과 기타다이토 섬이 있다. RAC는 12 km 떨어진 이 두 섬 사이에 봄바디어의 소형 프로펠러기 DHC-8-Q100을 운항한다. 겨우 12 km의 거리라면 배를 이용하는 편이 효율적이겠지만, 미나미다이토 섬과 기타다이토 섬은 주변이 암벽으로 둘러싸여 있어서 바람이 강한 날에는 배가 접안할 수 없다. 그래서 탄생한 것이 이 정기편이다.

시각표에는 '비행시간 15분'으로 나와 있지만, 이는 계절풍 때문에 최대로 늦어지는 시간이다. 풍향에 따라서는 단축 경로를 날아가는 날도 많다. 이전에 나는 이 노선을 이용했을 때 기내 방송을 듣고 무심코 웃음을 터뜨렸다.

"……오늘의 비행시간은 3분으로 예정되어 있습니다."

수직꼬리날개에 오키나와를 연상시키는 액막이 사자가 그려진 RAC의 DHC-8-Q100.

조종실에 관한 궁금증

조종실의 창문이 열린다는 게 사실인가?

공중에서 선회할 때의 조종 기술은?

기장과 부기장의 식사는 왜 메뉴가 다른가?

조종실의 문을 살짝 열어 알려지지 않은 조종사들의 세상을 들여다보자.

053

조종실의 창문은 열리는가?

공항에서는 가끔 작업자가 여객기 조종실의 창문을 열고 몸을 내밀어 창문을 닦는 광경을 목격할 수 있다. 이 말을 들으면 "어? 조종실 창문이 열린다고?" 하며 놀라는 사람도 있을 것이다.

조종실에는 조종사가 전방과 양측의 시야를 확보할 수 있도록 '방풍창(windshield)'이 설치되어 있다. 보잉 777 등은 방풍창이 모두 6개다. 조종실의 두 자리 가운데 기장석(왼쪽 좌석)의 정면에 있는 창을 'L1 창'이라고 하고, 그 왼쪽으로 'L2 창'과 'L3 창' 순으로 이어진다. 마찬가지로 부기장석(오른쪽 좌석)의 정면에 있는 창을 'R1 창'이라고 하고, 그 오른쪽으로 'R2 창'과 'R3 창' 순으로 이어진다.

보잉 777, 767, 737 등은 이 6개의 창 가운데 L2와 R2를 개폐할 수 있도록 설계했다. 옆으로 미는 형식으로 열기 때문에 '슬라이딩 창(sliding window)'이라고도 부른다.

그러나 최신 항공기들은 창문이 열리지 않도록 설계한 경우가 많아졌다. 예를 들어 중형기 787은 6개가 주류였던 창의 수를 4개로 줄였다. 창틀의 수를 줄여 창의 면적을 넓힘으로써 측방에서 후방에 걸친 시야가 한층 넓어졌다. 777은 개폐 가능한 창문으로 비상 탈출구의 역할을 겸했지만, 787에서는 창문이 개폐되지 않는 대신에 조종실 윗부분에 승무원을 위한 비상 탈출용 해치를 설치했다. 또한 L1과 R1의 와이퍼는 수직으로 정지되어 있는데, 이는 공력 소음을 줄이기 위해 공기의 흐름에 순응하도록 만든 형태다. 창문에는 물론 윈도 워셔도 갖춰져 있다.

슬라이딩 창

보잉 777의 L2 창을 열고 청소를 하는 작업자.

탈출용 해치

787은 기존의 6개의 창을 4개로 줄였다. R1 창의 윗부분에는 비상 탈출용 해치가 보인다.

보잉과 에어버스 조종실의 차이는?

조종석에 앉았을 때 처음으로 느껴지는 두 회사의 커다란 차이점은 조종간과 조종륜(control wheel)이다.

조종간은 여객기의 방향 등을 바꾸기 위한 중요한 장치이며, 피치(상승과 하강)와 롤(좌우로 기울이기)을 제어한다. 보잉의 여객기는 '조종륜'이 주류였다. 조종석의 정면에 설치된 조종륜은 자전거 핸들과 비슷한 모양인데, 양손으로 '누르고' '당기고' '비트는' 조작을 함으로써 항공기의 방향과 각도를 제어한다.

에어버스는 이 '핸들 모양'의 조종륜을 폐지하고 A320 시리즈부터 '사이드스틱(sidestick)'이라는 막대 모양의 조종간을 채택하기 시작했다. 좌석의 좌우(기장석에서는 왼쪽, 부기장석에서는 오른쪽)에 배치하며, 보잉의 조종륜과 달리 한 손으로 조작할 수 있도록 설계했다.

다만 조종륜이든 사이드스틱이든, 조종간은 조종사의 의사를 컴퓨터에 전달하는 입력 장치일 뿐이다. 조종면을 인간의 손으로 직접 움직이는 것이 아니라, 컴퓨터를 매개로 한 전기 신호로 조종면을 조종하는 것이다. 두 회사의 차이는 조종간을 소형 스틱으로 만들어 조종실을 깔끔하게 하는 편이 효율적이라는 에어버스와, 예전부터 사용하던 조종륜이 조종사에게 친숙하다는 보잉의 사고방식의 차이일 뿐이다. 예전에는 '에어버스는 기계를 우선하고, 보잉은 인간을 우선한다'는 주장도 있었지만, 하이테크를 활용하는 오늘날에는 두 회사의 사고방식 사이에는 차이점이 점차 사라지고 있다.

조종륜

보잉의 조종실에서는 예전부터 사용하던 '조종륜'으로 항공기를 조종한다.

사이드스틱

에어버스는 A320 시리즈부터 막대 모양의 '사이드스틱'을 채택했다.

055

장거리 항공편은 왜 '3명 체제'로 승무하는가?

유럽으로 가는 항공편의 부기장에게 "오늘의 파트너는 누구인가요?"라고 물으면, 그는 기장의 이름을 두 명 대답할 것이다. 예전에는 기장, 부기장, 항공기관사가 승무했지만, 보잉 747-400 이후로는 항공기관사가 필요 없어졌으므로 기장과 부기장 2명 승무 체제로 바뀌어야 할 텐데, 왜 3명이 승무하는 것일까?

조종은 기장과 부기장이 둘이서 하지만, 유럽과 미주 노선 등에서 장시간 비행할 때는 기장 2명과 부기장 1명 등 3명이 승무해서 교대로 조종해야 한다는 규칙이 있다. 만약 비행시간이 12시간이라면 조종석에 앉는 기장과 부기장의 승무 시간은 총 24시간이다. 그 24시간을 3명의 조종사가 8시간씩 분담하는 것이다. 3명 승무 체제라고 해서 3명이 동시에 조종한다는 뜻이 아니다.

이륙해서 4시간 정도 지나면 조종실에서도 식사를 끝내고 트레이를 치운다. 이때 교대 요원으로 탔던 또 다른 기장이 "수고하셨습니다. 이제 교대하겠습니다" 하며 조종실로 들어온다. 그러면 조종석에 앉아 있던 기장은 전달 사항을 남기고 좌석벨트를 풀어 조종실을 떠난 후 잠깐 동안의 휴식에 들어간다. 조종사에게는 비행 중 휴식도 물론 '근무시간'에 포함된다. 다음 교대 시간을 대비해 몸과 마음을 푹 쉬게 해주어야 한다.

국제선에서 많이 활약하는 보잉 777-300ER나 787의 휴게실은 기수 부분의 천장 밑 공간에 마련되어 있다. 기존의 기종에 비해 훨씬 넓고 편안해졌다.

한 사람은 교대 요원

나리타 공항에서 출발 준비를 진행하는 오스트리아항공의 보잉 777-200ER.

휴게실

기수 부분의 천장 밑 공간에 편안하게 마련된 787의 휴게실.

056

조종사의 소매에 있는 '금색 줄'의 의미는?

기장과 부기장이 나란히 섰을 때 '당연히 나이 많은 쪽이 기장이겠지'라고 생각하는 사람도 있을 것이다. 하지만 반드시 그렇지만은 않다. 기장으로 승진하려면 부기장으로 평균 10년 동안 승무해야 하는 것은 사실이지만, 나이를 먹는다고 누구나 기장이 될 수 있는 것은 아니다. 부기장으로 일정 기간 승무 경험을 쌓은 후 국가 자격증(정기 운송용 조종사)을 취득하고 기장 승진 훈련을 거쳐야 기장 자격을 갖출 수 있다.

기장과 부기장을 구별하려면 그들이 입고 있는 제복을 눈여겨보면 된다. 제복에는 국제적으로 통일된 규칙이 몇 가지 있다. 그중 하나가 재킷 소매와 와이셔츠 어깨에 그어진 금색 줄이다. 부기장의 금색 줄은 세 줄인데, 기장의 제복에는 금색 줄이 네 줄 빛나고 있다.

입사해서 훈련을 시작할 때는 금색 줄이 한 줄도 없다. 몇 년 동안 혹독한 교육과 훈련을 받은 후에 부기장의 자격을 얻으면 금색 줄을 세 줄 취득한다. 그들에게 금색 줄은 당당히 항공사 조종사가 됐다는 증거다. 그리고 한 줄 더 추가되는 금색 줄은 마침내 비행의 '최고 책임자'가 됐다는 것을 의미한다.

조종사 후보생으로 입사한 후에 부기장을 거쳐 기장으로 승진하기까지의 흐름을 다음 페이지에 나타냈다. 물론 기장이 됐다고 해서 끝이 아니다. 기장으로 승진한 후에도 새로운 기술을 습득하기 위한 '정기 훈련'이 해마다 이어지고, 긴급 상황에 대비해 모형 비상 탈출 미끄럼대와 수영장 시설을 이용해서 객실 승무원과 합동으로 실시하는 '합동 긴급 훈련'도 계속된다.

승진하면 늘어나는 금색 줄

제복 소매에 보이는 금색 줄 네 줄은 비행의 '최고 책임자'라는 증거다.

기장이 되기까지

훈련생 ➡ 부기장	부기장 ➡ 기장
조종사 훈련생 항공대학교, 일반 4년제 대학교(대학원)를 졸업하고 입사해서 훈련생이 된다. **기초 훈련** 비행 시뮬레이터 훈련, 실제 비행기 훈련, 노선 훈련 등을 통해 부기장이 되기 위한 실력을 쌓는다. **부기장 승진** 규정된 학과 시험과 실기 시험에 합격하고 사내 심사를 통과하면 부기장으로 승진한다.	**부기장 기종 훈련** 조종할 수 있는 기종을 확장하기 위한 항공기 조종훈련은 시뮬레이터를 중심으로 한다. **ATPL 취득** 부기장 발령 후 최저 6년, 비행시간 3,000시간을 넘으면 ATPL 자격시험을 치른다. ※ATPL: 정기 운송용 조종사 **기장 승진** ATPL 취득 후 최저 2년 동안 승무하고 사내 기장 승진 심사 및 국토교통성의 기장 인정 심사에 합격하면 기장으로 승진한다. **기장 기종 이행** 기장 승진 후에도 시뮬레이터 훈련, 실제 비행기 훈련으로 다른 기종의 기장으로 승무할 수 있도록 자격을 취득한다.

조종사의 승진과 이행 훈련의 흐름(일본 항공사의 한 예).

조종사의 한 달 근무 스케줄은?

항공사 조종사를 실제로 취재해서 알아낸 조종사의 한 달 근무 스케줄을 다음 페이지의 표로 나타냈다. 취재한 조종사는 국내선부터 국제 장거리 노선까지 커버하는 보잉 777의 조종 자격을 보유한 조종사다.

국내선은 보통 하루에 두세 번 비행한다. 하네다를 출발해서 하네다로 돌아오는 동일 노선 왕복을 하는 날도 있고, 삿포로나 후쿠오카 등의 도착지에서 숙박을 하는 날도 있다. 서울, 상하이, 베이징 등 근거리 국제선 비행은 하루에 한 번 왕복하는 것이 기본인 듯하다. 유럽이나 미국으로 가는 장거리 노선의 경우에는 도착한 날과 다음 날, 이틀 동안 현지에 머문다. 이를 '인터벌'이라고 한다. 런던 노선을 예로 들면 오전 중에 나리타를 출발해서 현지 시간 당일 저녁에 런던에 도착한다. 이틀 후 저녁 시간에 런던을 출발하기까지 만 이틀을 현지에서 보내게 된다.

인터벌 중에 시간을 보내는 방법은 조종사마다 가지각색이다. 느긋하게 시내 관광을 하거나 '귀국 편 조종을 잘하기 위해 컨디션 관리에 많은 시간을 사용한다'고 이야기하는 조종사도 적지 않다.

스케줄 표에 있는 'OFF'는 완전한 휴일이지만, '스탠드바이(stand by)'라고 기입된 날도 며칠 있다. 스탠드바이는 승무 예정인 조종사에게 문제가 생겼을 때 긴급 교대하기 위한 요원으로서 집이나 공항 근처에서 정해진 시간 동안 대기하는 일이다. 조종사에게는 스탠드바이도 중요한 근무 가운데 하나다.

각 비행은 기장과 부기장이 파트너를 이뤄 승무한다. 기장과 부기장의 조합은 비행할 때마다 매번 달라진다. 777의 자격을 보유한 기장과 부기장은 대형 항공사에서는 500명이 넘기 때문에 조종실에서 고정된 파트너와 계속 승무하는 경우는 흔치 않다.

유럽과 미주 노선은 2박 4일

1	일	10:00~15:00 스탠드바이
2	월	OFF
3	화	08:20~10:20 하네다-후쿠오카 11:50~14:00 후쿠오카-지토세(숙박)
4	수	07:30~09:10 지토세-하네다 10:35~13:30 하네다-오키나와(그 후 구마모토로 이동, 숙박)
5	목	09:45~11:20 구마모토-하네다
6	금	09:50~12:10L 나리타-상하이 13:15L~17:00 상하이-나리타
7	토	OFF
8	일	10:00~15:00 스탠드바이
9	월	09:50~12:10L 나리타-상하이 13:15L~17:00 상하이-나리타
10	화	OFF
11	수	11:40~15:20L 나리타-런던(숙박)
12	목	인터벌
13	금	↓
14	토	19:00L~15:55 런던-나리타
15	일	OFF
16	월	↓
17	화	↓
18	수	10:00~15:00 스탠드바이
19	목	16:00~17:00 하네다-이타미 18:10~19:10 이타미-하네다 20:30~22:00 하네다-지토세(숙박)
20	금	14:30~16:10 지토세-하네다(이동) 17:10~18:45 하네다-마쓰야마 19:30~22:55 마쓰야마-하네다
21	토	OFF
22	일	16:20~18:50L 하네다-서울 20:15L~22:15 서울-하네다
23	월	OFF
24	화	↓
25	수	13:00~15:00 비행 시뮬레이터 훈련
26	목	10:00~15:00 스탠드바이
27	금	OFF
28	토	11:00~07:35L 나리타-시카고(숙박)
29	일	인터벌
30	월	10:45L 시카고 출발
31	화	15:00 나리타 도착

보잉 777 조종사의 한 달 근무 스케줄(예시, 'L'은 현지 시간).

058

기장과 부기장은 조종실에서 어떤 대화를 나눌까?

여객기의 기장도 성격이 가지각색이다. 최근에 취재한 어느 젊은 부기장이 "말수가 적은 선배도 신경이 쓰이지만, 너무 말이 많은 선배도 꽤 피곤합니다"라고 말하자 나는 그만 웃음을 터뜨려버렸다. 과연 조종실에서는 어떤 대화가 오가는 것일까?

비행 중에는 기장과 부기장이 쓸데없는 말을 전혀 하지 않고 긴장된 분위기 속에서 조종에만 집중한다고 생각하는 사람이 의외로 많다. 물론 출발 전이나 이륙 시에는 진지하다. 이때 조종실에서 들리는 소리는 체크리스트를 서로 읽으면서 확인하는 말, 관제 기관과의 교신 등 여객기 운항과 관련된 말뿐이다. 그러나 수평비행에 들어서고 자동조종 비행모드로 전환한 후에는 긴장이 풀리며 조종실의 분위기가 확 바뀐다.

서로의 취미, 도착지에서의 예정, 좋아하는 음식이나 이상형인 이성 등에 관해 서로 이야기한다. 다만 조심해야 할 점이 있다. 조종실에서 나누는 대화는 지상과의 교신, 소음, 배경음 등과 함께 무선으로 모두 음성 기록 장치에 녹음된다는 점이다.

이는 곧 '도청'되고 있는 것과 마찬가지다. 이전에 일본의 한 항공사에서 조종실을 취재했을 때 나는 기장에게 "대화가 녹음되는 게 신경 쓰이지 않습니까?"라고 질문했다. 그러자 기장은 "음성 기록 장치요? 별로 의식하지 않습니다. 자넨 어때?" 하고 부기장에게 물었다. 옆에 있던 부기장도 "저도 신경 안 씁니다"라며 웃었다.

모든 것이 기록된다고는 해도 음성 기록 장치는 사고가 발생하지 않는 한 해석할 일이 없다. 그래서 모두 마음 놓고 잡담으로 이야기꽃을 피울 수 있는 것이다.

편안한 분위기

상공에서 자동조종 비행모드로 전환하면 조종실도 온화한 분위기가 감돈다.

음성 기록 장치

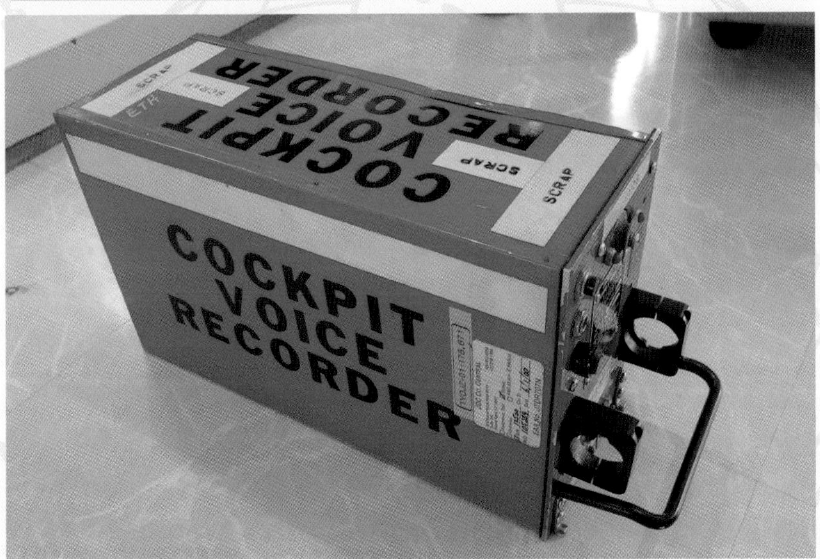

사고의 원인을 규명하는 데 이용되는 음성 기록 장치에는 조종사끼리 나누는 대화도 기록된다.

059

조종사가 부족해지는 '2030년 문제'란 무엇인가?

국토교통성 항공국의 자료를 살펴보면 일본에는 현재 약 5,900명의 조종사가 있다. 5,900명이나 되니 충분하다고 생각할 수도 있지만, 이 수치는 해외 주요 국가에 비하면 턱없이 부족하다. 인구가 일본의 절반 정도인 프랑스는 약 1만 5,000명, 영국은 약 1만 8,000명의 조종사가 활약한다. 미국은 약 27만 명이나 되는 조종사가 있다. 2022년에는 일본 국내에서 약 7,000명의 조종사가 필요해질 전망이기 때문에 조기에 대책을 세워야 하다는 목소리가 높아지고 있다.

일본의 각 항공사는 1980년대 후반의 버블 경제 시기에 조종사를 대량으로 채용했지만, 버블 경제가 붕괴한 1990년대에는 경영 악화를 막기 위해 신규 채용을 억제했다. 2008년의 리먼 브라더스 사태 이후에는 채용 인원이 더욱 급감했다. 그 결과, 기장 자격을 보유한 조종사는 40대가 가장 많고 30대, 20대로 젊어질수록 수가 줄어들게 됐다(다음 페이지의 그래프 참조). 2030년에는 현재 활발하게 활약하는 40대의 기장들이 한꺼번에 정년을 맞이하면서 조종사 부족은 더욱 심각해질 것으로 보인다. 이것이 이른바 '2030년 문제'다.

항공 수요의 증대와 함께 조종사의 부족은 세계적인 과제이기도 하다. 유럽과 미국에서 대두되어 아시아에도 파급된 LCC(저가 항공사) 사이에서는 조종사를 확보하기 위한 물밑 경쟁도 시작됐다. 2014년 봄에는 피치항공과 바닐라에어 등 일본 LCC들은 조종사를 충원하지 못해 운항 중단하는 사태도 발생하고 있다.

그래서 국토교통성 항공국은 조종사의 정년연장과 정기신체검사 기준의 완화를 검토하기 시작했다. 외국인 조종사의 채용을 원활히 하고 자위대원을 민간 조종사로 전환하려는 정책도 추진하고 있다.

40대가 가장 많다

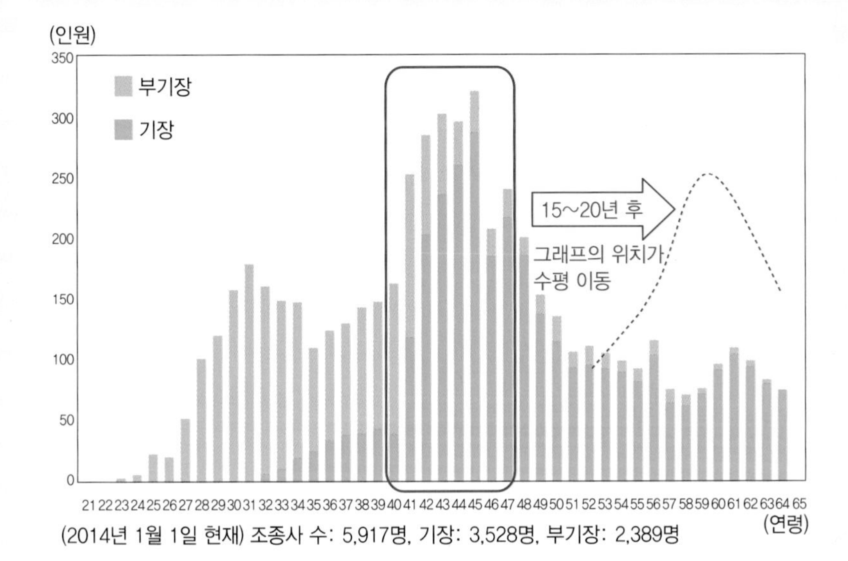

일본 항공사의 기장, 부기장의 연령별 분포.(출처: 국토교통성 항공국 '취업 실태 조사')

시급해지는 조기 대책

일본의 저가 항공사에서 조종사를 충원하지 못해 운항을 중단하는 사태가 발생한다.

060

'비행 전 점검'은 누가 어떻게 하는가?

출발 전 조종사가 외부점검을 할 것을 여객기의 '운용 규정'에 의무로 규정하고 있다. 컴퓨터 기술이 아무리 발달해도 최종 점검은 인간의 눈에 의지할 수밖에 없기 때문이다. 아무리 비나 눈이 몰아치는 악천후에서도 비행하기 전에 다시 한 번 자신들의 눈으로 직접 확인하는 작업을 생략하는 일은 결코 없다. 그러면 실제 현장에서는 어떤 식으로 직업이 이루어지고 있을까? 보잉 777-300ER에서 비행 전 점검을 하는 모습을 살펴보자.

기장은 부기장에게 조종실을 점검할 것을 지시하고 자신은 계류장에 남아 기수 부분으로 이동한다. 그곳에서부터 기체의 외부를 시계 방향으로 돌기 시작한다. 동체 · 주날개 · 꼬리날개 등에 손상이 없는지, 엔진이나 기어에 이상이 없는지, 오일이 새는 곳이 없는지 등을 확인하기 위해 기체의 외판 이음매에 얼굴을 가져다대고 세밀하게 점검한다.

기장은 도중에 좌우 주날개 아래에 가서 거대한 엔진 가까이에서 발을 멈추고 엔진 앞과 뒤쪽 지면을 유심히 살핀다.

"정비사가 무심코 공구를 두고 가지 않았는지, 지면에 이물질이 떨어지지 않았는지 꼼꼼히 살펴봐야 합니다"라고 이유를 설명해주었다. "작은 돌멩이가 떨어져 있으면 시동을 걸 때 전방 공기 흡입구로 돌멩이가 흡입되어 엔진이 파손될 수도 있고, 후방에 무언가 물건이 놓여 있으면 배기류가 그 물건을 날려버리기도 하지요."

777-300ER의 양 날개를 펼친 길이(전체 너비)는 64.8 m, 기수에서 꼬리날개까지는 73.9 m다. 한 바퀴 도는 데만 해도 꽤 긴 거리를 걸어야 하며, 모든 점검을 끝내는 데는 20분 가까이 걸린다.

안전을 지키기 위해

엔진 아래도 유심히 살펴 무심코 공구를 놓고 가지 않았는지, 이물질이 방치되지 않았는지 꼼꼼히 확인한다.

한 바퀴 도는 데 20분

B777 등의 대형기의 경우 비행 전 점검을 하기 위해 둘레를 한 바퀴 도는 데만 20분 가까이 걸린다.

061

이륙할 때의 속도는?

이륙 활주를 시작하면 타이어가 노면을 덜컹덜컹 구르는 진동이 몸으로 전달된다. 속도가 빨라질수록 조종간이 멋대로 앞으로 움직이는데, 이는 승강타(elevator)에 작용하는 기류의 영향 때문이다. 활주가 계속되면 전방의 풍경이 빠른 속도로 후방으로 흘러가기 시작하고, 속도계가 이륙결심속도(V_1)에 다다르게 된다.

이륙결심속도를 넘기면 이륙을 중단할 수 없기 때문에 계속 가속하면서 이륙해야 한다.

"그때그때의 비행 조건에 따라 다르지만, V_1은 대체로 시속 300~350 km 정도입니다."

보잉 777의 조종 자격을 보유한 기장이 이렇게 말했다. 이때의 비행 조건이란 탑재한 연료, 승객 및 승무원을 포함한 기체의 총중량, 그날의 활주로상의 온도, 풍향, 풍속 등이다. 이륙 속도는 그러한 조건들을 토대로 하여 매번 비행할 때마다 면밀하게 계산해야 한다.

만약 V_1을 넘긴 후 어떤 문제가 발생했을 때는 일단 이륙하고 상승한 후에 상공에서 되돌아갈지 말지를 판단하도록 규정되어 있다. 속도가 V_1에 가까워지면 조종사는 조종간의 촉감이나 기체의 상태를 통해 '곧 떠오르겠구나' 하는 느낌을 알아차린다고 한다. 그리고 V_1에서 속도를 더 높이면 기수를 들어 올리는 속도인 'V_R'에 도달한다. "로테이션!"이라는 구호와 함께 기장은 조종간을 차분히 앞으로 당긴다. 그 순간 기수가 힘껏 들어 올려지고, 피치가 15도 정도가 될 때까지 계속해서 조종간을 천천히 당긴다.

몸으로 느껴지던 진동이 싹 사라지고 바퀴의 회전음이 없어지는 때가 비행기가 지상을 떠나는 순간이다.

'V_R'에서 기수를 들어 올린다

V_1을 넘으면 더 이상 이륙을 중단할 수 없다. V_1의 속도는 시속 300~350 km 정도다.

활주 개시부터 상승까지

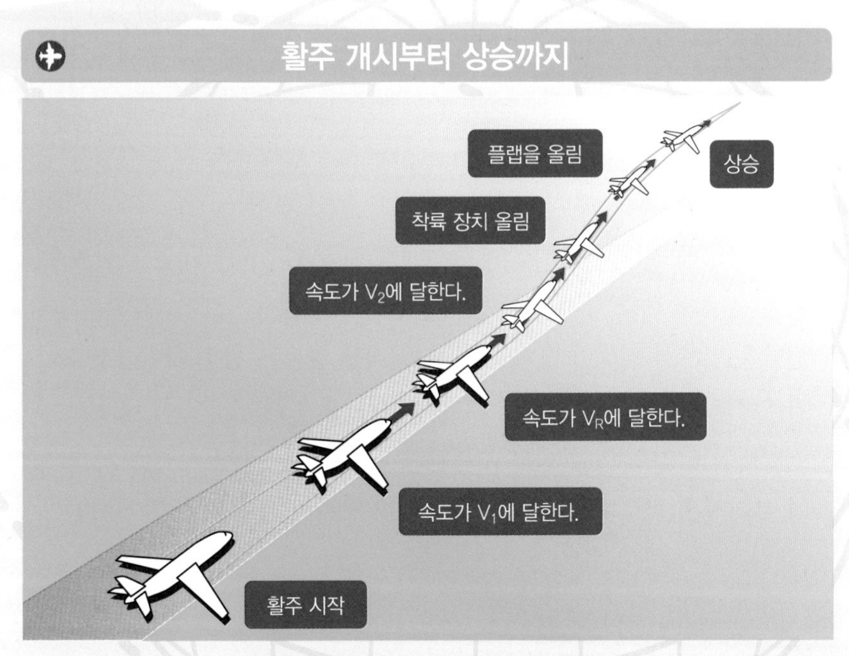

V_1은 이륙결심속도, V_R는 기수를 들어 올리는 속도, V_2는 안전상승속도다.

기장과 부기장의 식사 메뉴가 다른 까닭은?

이륙한 지 1시간. 객실에서 승객에게 식사 서비스가 시작되면 맛있는 음식 향이 조종실에도 감돌게 된다. 객실의 식사 서비스가 어느 정도 끝나면 객실 승무원 가운데 한 명이 조종사의 식사 주문을 받기 위해 조종실에 들어간다.

"식사는 무엇으로 하시겠어요?"

"자네는 뭐 먹을래? 먼저 골라" 하고 기장이 옆에 앉은 부기장에게 묻는다.

"아뇨, 기장님이 먼저 고르십시오."

"그래. 그럼, 나는 일식 메뉴로."

그러면 부기장은 당연히 양식 메뉴를 선택하게 된다. 기장과 부기장은 같은 메뉴로 식사할 수 없다. 반드시 각자 다른 종류를 선택해야 하는 것이 규칙이다. 그 이유는 식중독 때문이다.

두 조종사가 같은 메뉴로 식사를 하면 한꺼번에 식중독에 걸릴 가능성이 생긴다.

비행 중에 기장과 부기장이 동시에 쓰러진다면 조종을 할 사람이 없어진다. 조종간을 잡는 두 사람이 한꺼번에 식중독으로 쓰러지는 사태만큼은 반드시 피해야 한다. 물론 기내식을 만드는 전문 케이터링 회사가 안전과 위생 면에 만전을 기하겠지만, 만에 하나 식중독 사태가 일어나더라도 최소한 한 명의 조종사가 비행기를 조종할 수 있도록 기장과 부기장은 서로 다른 메뉴로 식사해야 한다는 규칙을 만든 것이다.

일식 메뉴의 예

일본에서 출발하는 노선에서는 일식 메뉴가 인기다(델타항공의 비즈니스 클래스).

양식 메뉴의 예

육류 요리와 생선 요리 등 몇 종류 가운데 고를 수 있는 양식 메뉴(델타항공의 비즈니스 클래스).

조종사들끼리 교신할 수 있는 주파수 '123.45 MHz'란?

여객기의 조종실에서는 지상이나 외부와의 교신을 무선으로 한다. 그 주파수는 하나가 아니다. 항공관제사와 대화할 때 사용하는 주파수, 사내 교신 전용 주파수, 긴급 상황에서 사용하는 주파수 등으로 나눌 수 있다. 그중에서 모든 조종사가 공통적으로 이용할 수 있도록 할당된 주파수가 '123.45 MHz'다.

공중에서는 123.45 MHz를 사용해서 항공사를 막론하고 조종사들끼리 교신할 수 있다. 그중 한 예로, "어느 구역을 통과할 때 기체가 많이 흔들리니 주의하십시오" 하는 등의 정보 교환을 들 수 있다. 구름의 모양은 레이더로 항상 감시하고 있지만, 눈으로 보고 확인할 수 없는 난기류의 존재에는 조종사가 과민해질 수밖에 없다. 근처를 날아가는 다른 비행기의 조종사들이 전해주는 정보는 객실의 좌석벨트 사인을 미리 점등하는 소중한 판단 자료가 된다.

123.45 MHz는 또한 비행 중 기내에서 긴급한 환자나 부상자가 발생했을 때도 도움이 된다.

"저희는 ○○○항공의 △△△편입니다. 그쪽 비행기에 의사가 있습니까?"

실제로 미국 본토로 향하는 도중에 어느 기장은 근처를 비행하던 다른 비행기로부터 그런 교신을 받았다. 기내에서 몸 상태가 나빠진 승객이 발생했다는 것이다. 무선으로 연락을 받은 기장은 객실에 연락해서 의사를 찾았는데, 마침 의사가 한 명 타고 있었다고 한다. 승객의 증상을 무선으로 상세히 들은 기장은 의사에게 증상을 말하고 응급처치에 관해 지시를 받았다. 그리고 그 지시를 상대방 비행기의 조종사에게 그대로 전달해줄 수 있었다고 한다.

경계를 뛰어넘는 연대감

조종사들에게는 회사나 국경을 뛰어넘는 연대감이 존재하며, 공중에서의 교신도 활발하다.

좌석벨트 사인

기류가 나쁜 구역을 통과할 때는 신속히 '좌석벨트 착용' 사인을 점등한다.

선회할 때의 조종 기술은?

새의 모습을 관찰해보면, 새는 공중에서 날아가는 방향을 바꿀 때 날개를 크게 펼치고 몸을 좌우의 한쪽으로 기울이면서 작은 원을 그리듯이 방향을 전환한다는 사실을 알 수 있다. 여객기가 비행 중 방향을 바꿀 때의 동작도 이와 동일하다. 상공에서 곡선을 그리며 방향을 바꾸는 것을 '선회'라고 한다. 선회하기 위해서는 조종실에서 몇 가지 조작을 적절하게 해야 한다.

조종석의 발밑에 바로 보이는 것이 방향타 페달(rudder pedal)이다. 이것은 수직꼬리날개에 달린 방향타(rudder)를 움직이기 위한 페달이다. 왼쪽 페달을 밟아서 방향타를 (진행 방향 기준으로) 왼쪽으로 기울이면 여객기의 기수는 왼쪽으로 돌아간다. 반대로 오른쪽 페달을 밟아서 방향타를 오른쪽으로 기울이면 여객기의 기수는 오른쪽으로 돌아간다. 이런 식으로 일단 기체의 방향을 바꾼다.

그러나 방향타 페달을 조작하는 것만으로는 기체를 선회하게 하지는 못한다. 방향타 조작에 의해 기수의 방향이 바뀌어도 기체 전체가 방향을 전환하기까지는 약간의 시간이 걸린다. 이때 기체의 방향 전환을 지원하는 것이 주날개에 장착된 보조날개(aileron)다.

조종사가 조종간을 조작하면 보조날개가 작동한다. 보조날개는 좌우 주날개의 후연에 설치되어 있으며, 위아래 방향으로 움직인다. 비행 중에 오른쪽 주날개의 보조날개를 내리면 반대쪽인 왼쪽 주날개의 보조날개는 자동으로 올라간다. 이때 보조날개를 내린 오른쪽 주날개는 양력이 증가해서 올라가고, 보조날개를 올린 왼쪽 주날개는 양력이 감소해서 내려간다. 그 결과, 기체는 주날개가 내려간 왼쪽으로 기울고 공중을 미끄러지듯이 선회하게 된다.

조종간과 방향타 페달

선회할 때는 발밑에 있는 방향타 페달로 방향타를 조작하고, 조종간으로 보조날개를 조작한다.

방향타가 작동한다

방향타 페달을 밟으면 수직꼬리날개에 달린 방향타가 작동한다.

065

상승과 하강의 조작법은?

여객기를 상승 또는 하강시키려면 '추력(여객기가 앞으로 나아가는 힘)'과 '받음각(진행 방향에 대한 기체의 각도)'을 조정해야 한다. 엔진 출력을 제어하는 추력 레버(thrust lever)를 조작하면서 수평꼬리날개의 승강타를 작동해서 기수를 위아래로 움직이는 조작이 필요하다.

공중에서 순항 비행 중에 엔진 출력을 높이면 속도가 늘어나고, 주날개 윗면에 흐르는 공기가 빨라져서 양력이 증대하며, 비행고도가 상승한다. 고도를 변경하지 않고 비행 속도만을 높이고 싶은 경우에는 조종간을 조작해서 수평꼬리날개의 승강타를 아래로 내림으로써 받음각을 줄이면(기수를 내리면) 된다. 반대로 속도를 줄이면서 상승률을 올리려면 추력 레버를 고정해서 엔진 출력을 일정하게 유지하면서 승강타를 위쪽으로 올려 받음각을 키우면(기수를 올리면) 된다.

기체를 하강시키는 조작은 상승의 방법과 정반대다. 엔진 출력을 낮추면 속도가 줄어들고 양력이 저하되어 기체는 조금씩 하강하게 된다. 주날개의 스포일러를 사용해서 고도를 낮추는 방법에 관해서는 74페이지에서 이미 설명했다. 또한 고도를 일정하게 유지한 채 속도만 줄이려면 조종간으로 승강타를 조작해서 기수를 약간 올려야 한다.

대형기의 중량은 승객과 화물을 실은 상태에서 300톤 이상에 달한다. 상승과 하강의 조종법을 말로 설명하기는 쉽지만, 실제로 거대한 기체를 수동으로 조종하는 일은 상당한 경험과 기술 없이는 불가능하다. 실제 비행에서는 자동추력조정장치(auto throttle)를 세팅해서 엔진 출력 조정을 컴퓨터에 맡긴다.

조종간

조종간으로 기수를 위아래로 움직여서 속도에 맞게 고도를 유지한다.

기수를 위아래로

수평꼬리날개의 승강타를 위로 올리면 기수가 위로 올라간다.

0 6 6

고어라운드란?

계기착륙장치(ILS)의 유도에 따라 공항에 진입하더라도 시야가 나빠 활주로를 확인하지 못하는 경우에는 착륙을 일단 포기하고 다시 시도해야 한다. 착륙을 포기하고 다시 상승하는 동작을 '고어라운드(go-around, 복행)'라고 한다.

속도를 떨어뜨리고 지면에 닿을 듯 이슬아슬하게 천천히 하강하나가 기체가 갑자기 엔진에서 으르렁거리는 큰소리를 내면서 다시 상승하기 시작하면, 객실에서는 "무슨 일이야!" 하고 놀라움과 불안이 섞인 고함이 터져 나올 것이다. 그러나 조종실에서는 이러한 고어라운드도 충분히 상정하고 있던 일이다.

"착륙결심고도(decision height)에서 활주로가 보이지 않을 때는 곧바로 진입을 중지하겠습니다. 플랩을 15도로 두고 엔진 출력을 높여 고도 2,300피트까지 상승하고, 그 후 다시 한 번 진입을 시도하겠습니다. 따라서 관제탑에는 그렇게 연락을 취해주십시오. 날씨 예보도 다시 한 번 확인해주시기 바랍니다."

공항에 진입하기 직전의 브리핑에서 기장이 부기장에게 이렇게 지시한다. 즉 조종사에게는 고어라운드가 갑작스러운 사태가 아니라, 사전 합의하에 정해진 대로 행동을 취하는 일에 지나지 않는다. 조종사들은 고어라운드를 위한 훈련도 평소에 자주 실시한다.

중요한 훈련으로는 '터치 앤 고(touch and go, 접지 후 이륙)'라는 훈련이 있다. 터치 앤 고 훈련은 기체를 평소처럼 활주로에 착지한 후에 플랩을 착륙 포지션에서 이륙 포지션으로 전환하고, 엔진 출력을 높여 가속해서 다시 한 번 상승한다. 평소에 그런 훈련을 쌓아왔기 때문에 조종실에서는 전혀 당황하지 않는다.

상정하고 있던 행동

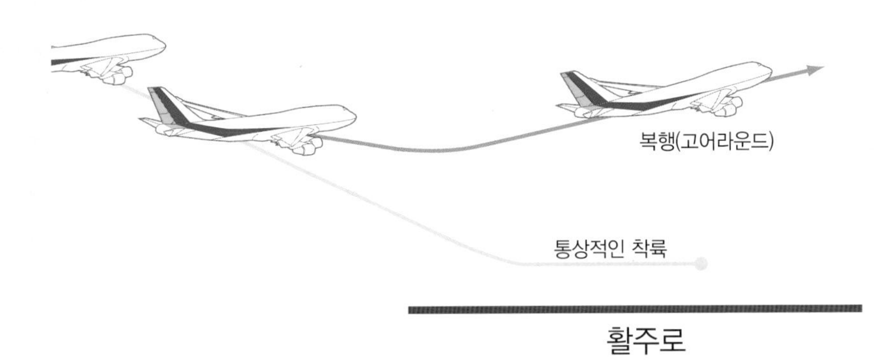

시야가 나빠 활주로가 보이지 않는 경우에는 '고어라운드'하여 다시 착륙을 시도한다.

일상적인 훈련

조종사는 평소에 '터치 앤 고' 같은 실전 훈련을 쌓고 있다.

067 어디까지 자동조종장치에 맡길 수 있을까?

조종사가 조작하지 않아도 여객기를 목적지까지 자동으로 조종해주는 장치가 오토파일럿(autopilot)이다.

오토파일럿은 'APS(auto pilot system, 자동조종장치)', 'INS(inertial navigation system, 관성항법장치)', 'ATS(auto throttle system, 자동추력조정장치)', 'ILS(instrument landing system, 계기착륙장치)', 'ALS(auto landing system, 자동착륙장치)'를 통합한 시스템이다. 정식으로는 AFCS(automatic flight control system, 자동비행제어장치)라고 한다. 최근에는 컴퓨터 기술이 눈부시게 발달해서 오토파일럿에 조종을 맡기는 범위가 부쩍 넓어졌다.

APS는 비행상태를 각종 센서로 파악하여 컴퓨터로 조종장치를 제어한다. APS에 INS를 연동시켜 미리 프로그램된 비행경로로 목적지까지 유도한다. ATS는 조종사가 속도 조정기를 세팅하면 그 속도를 유지하기 위해 자동으로 추력 레버를 움직여서 추력을 조정한다. ATS에는 목적지 공항에 가까이 가서 기체가 일정 고도까지 내려가면 속도를 줄이기 위해 자동으로 추력을 줄이는 기능도 딸려 있다. 추력은 컴퓨터가 제어하기 때문에 필요하다면 착륙까지 오토파일럿에 맡길 수도 있다.

마지막으로 자동 착륙을 지원하는 것이 ALS다. ALS는 목적지 공항에 진입할 때부터 활주로에 착지할 때까지의 조작을 제어한다. 기술이 아무리 발달해도 최종 착륙을 할 때만큼은 조종사가 육안으로 수동 조작을 하는 것이 가장 믿음직스럽다고 생각했던 시절도 있었다. 하지만 APS, INS, ATS, ILS가 밀접하게 연동하는 ALS를 장착함으로써, 상승-수평비행-하강-착륙의 모든 조종을 자동화할 수 있게 됐다.

컴퓨터 기술의 진화

오토파일럿은 'APS', 'INS', 'ATS', 'ILS', 'ALS'를 통합한 시스템이다.

착륙도 자동으로 가능

최신 기종에서는 착륙까지 오토파일럿에 맡길 수 있게 됐다.

068

착륙할 때 작동하는 '역추력'이란?

여객기는 시속 200~250 km의 속도로 지면에 착지한 후, 한정된 길이의 활주로 내에 딱 정지해야 한다. 그러기 위해 세 가지 브레이크를 작동한다.

활주로에 착지하면 날개면의 모든 스포일러는 힘차게 일어선다. 스포일러는 공중에서는 양력을 줄이기 위해 이용되지만, 지상에서 사용할 때에는 '에어 브레이크'로 변신한다. 이는 공기 저항을 늘린다기보다는 양력을 완전히 없애는 것이 원래 목적이다.

바퀴가 활주로에 착지하면 곧 엔진의 '역추력 장치(thrust reverser)'를 작동한다. 시속 200 km 이상으로 착지한 기체를 단숨에 감속시킬 수 있다. 그 원리는 매우 간단하다. 착륙 후에 조종사가 엔진의 추력을 높이고 역추력 장치 레버를 잡아당기면 엔진의 배기를 전방 또는 측방으로 보내는 판이 작동한다. 후방으로 분출되던 배기의 방향이 반대가 됨으로써 브레이크의 역할을 하게 되는 것이다.

여객기를 추진하는 제트 엔진을 역방향으로 분사하기 때문에 그 힘은 상당히 크다(역추력은 정규 추력의 30~50% 정도). 이렇게 속도를 어느 정도까지 떨어뜨린 다음에 마지막으로는 바퀴의 브레이크를 작동한다. 72페이지에서 설명했듯이 여객기의 바퀴에는 동력이 없다. 그러나 '착륙 기어(landing gear)'라는 말에서 알 수 있듯이 바퀴의 가장 큰 역할은 착륙이며, 따라서 브레이크 기능도 어엿하게 장착되어 있다. 스포일러, 역추력 장치, 바퀴 브레이크, 이 세 가지가 동시에 작동함으로써 여객기는 정해진 범위 내에 딱 정지할 수 있게 된다.

역추력 장치

역추력 장치를 작동하면 엔진 배기의 흐름이 전방이나 측방으로 변한다.

브레이크 기능

바퀴에는 앞으로 나아가는 동력은 없지만, 안전하게 멈추기 위한 브레이크 기능은 장착되어 있다.

069 비행 시뮬레이터는 어느 정도로 현실적인가?

좌우 조종석 중간에 있는 추력 레버를 밀어 엔진 출력을 높이고 활주를 시작했다. V_1(이륙결심속도)에서 V_R(기수를 들어 올리는 속도)에 도달하자 조종간을 살며시 당겼다. 기수가 힘껏 들어 올려지는 감각이 전해져 왔다. 하네다 공항에서 날아올라 도쿄 만을 내려다보면서 천천히 선회했다. 마침내 레인보우 브리지와 오다이바의 낯익은 풍경이 눈앞에 펼쳐졌다.

나는 이를 조종석에서 체험했다. 물론 실제 비행기가 아니라, 비행 시뮬레이터 이야기다.

비행 시뮬레이터는 실제 비행 데이터를 컴퓨터에 입력해서 항공기의 다양한 움직임을 지상에서 충실히 재현하는 기계장치다. 조타와 레버 조작에 의한 기체의 세부적인 반응을 실제 비행기로 조종할 때와 동일한 감각으로 체험할 수 있다. 몸으로 느껴지는 움직임도 현실적이고, 조종석에 전달되는 진동이나 압력은 실제 비행기와 별반 다르지 않다. 조종간과 계기들뿐 아니라, CG에 의한 3D 영상으로 창문에 비치는 풍경도 실제와 똑같다. 실제 비행할 때의 표식이 될 만한 건물도 미리 눈에 익힐 수 있다.

비행경로는 훈련할 때마다 세부적으로 설정할 수 있다. 설정 화면을 조작하면 세계 각지의 주요 공항이나 공역이 표시된다. 날씨 데이터도 몇 종류 들어 있어서 각 공항에 야간 착륙할 때, 악천후 속에서 접근할 때 등 여러 가지 상황을 만들어낼 수 있다. 실제 비행기로는 위험해서 하지 못하는 훈련도 비행 시뮬레이터로는 반복해서 실시할 수 있기 때문에, 최근에는 승무원의 훈련에 비행 시뮬레이터를 널리 사용한다.

훈련 시설

비행 시뮬레이터.

흔들림이나 진동도 마치 진짜 같다

비행 시뮬레이터를 일반인이 체험할 수 있는 항공 박물관도 많다.

기네스 기록

이 책에 많은 사진을 제공해준 항공 사진가 찰리 후루쇼 씨가 '세계에서 가장 많은 항공사에 탑승한 사람'으로 기네스 기록을 인정받았다.

때는 2014년 3월이다. 이전까지의 기록은 뉴질랜드의 항공기 마니아가 지닌 '108개 항공사'였는데, 후루쇼 씨는 '세계 기록이 겨우 그 정도라니, 내가 훨씬 많을 텐데…….'라는 생각에 자료를 모아 신청해보았다.

실제로 탑승했다고 해도 자신의 이름이 기재된 탑승권을 보관하지 않으면 인정받을 수 없다. 최근에는 전자화가 되어 탑승권을 발행하지 않는 항공사도 늘었다. 그렇게 생각하면 그의 기록(156개 항공사)을 깨는 사람은 아마도 더 이상 나오지 않을 것 같다. "인정받지 못한 것까지 합하면 실제로는 200개 항공사를 훌쩍 넘깁니다"라고 그는 말한다. 그의 기록은 계속해서 경신되고 있다.

'세계에서 가장 많은 항공사에 탑승한 사람'으로 기네스 기록을 인정받은 찰리 후루쇼 씨.

제 5 장

하늘 여행에 관한 궁금증

고도 1만 m의 상공에서는 사람의 미각이 변하는가?

구름 위에서도 와이파이(Wi-Fi)를 사용할 수 있을까?

창밖으로 보이는 '원 모양 무지개'는?

객실에서 편안히 쉬다가 문득 머릿속을 스치는 궁금증을 해결하다 보면

하늘 여행도 점점 즐거워질 것이다.

070

여객기 창문이 작은 이유는?

'객실 창문이 조금 더 크면 좋겠습니다…….'

서비스 향상을 위해 항공사가 승객을 대상으로 설문조사를 하면 가끔 위와 같은 의견이 나온다고 한다. 창문이 크면 확실히 풍경도 잘 보이니 더욱 즐거울 것이다. 철도업계에서는 이미 창문을 크게 만든 관광용 차량을 많이 내놓았다.

그러나 여객기의 창문은 구조상의 이유로 무턱대고 크게 만들 수 없다. 여객기의 외판은 두께가 겨우 1~2 mm인 합금을 사용하며, 그 얇은 재료로 기체의 강도를 유지하기 위해 튼튼한 프레임과 스트링어를 조합한 '세미모노코크(semimonocoque) 구조'로 설계되어 있다. 좌석의 창문은 뼈대가 없는 부분에 만들어야 하는데, 뼈대를 피해 창문을 설치할 수 있는 공간은 한정되어 있다. 만약 뼈대를 줄이면 강도를 유지하기 위해 외판을 두껍게 만들어야 한다. 그러면 기체 중량이 늘어나게 된다. 따라서 창문이 작은 것은 여객기의 숙명이었다.

하지만 최근에는 그런 '상식'을 뒤엎는 여객기가 세계의 하늘을 날아다니기 시작했다. 그 여객기가 바로 보잉 787과 에어버스 A350XWB다.

787의 창문은 기존 여객기의 1.3배 크기이고, A350XWB의 창문은 에어버스의 여느 기종보다 크게 설계했다. 이를 가능하게 한 것은 동체와 주날개 등 기체 전체 중량의 50% 이상에 채택한 탄소섬유 복합재다(54페이지 참조). 가볍고 강도가 큰 탄소섬유 복합재를 사용함으로써 잘 손상되지 않는 커다란 하나의 판으로 동체를 구성할 수 있고, 이음매를 줄여 객실의 창문 크기를 확대하는 데 성공했다.

세미모노코크 구조

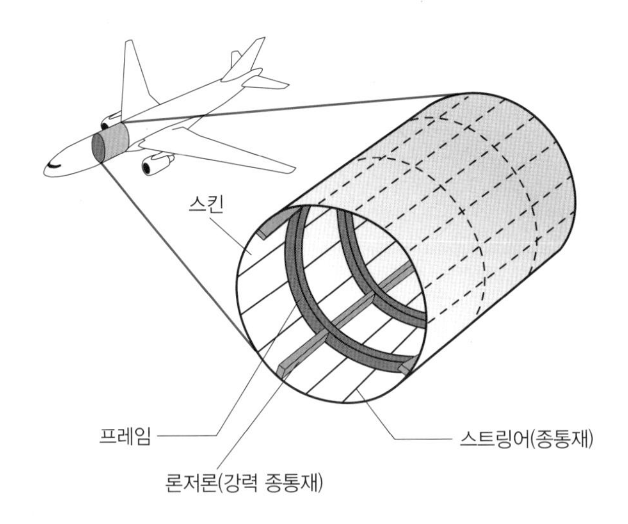

기체는 프레임과 스트링어를 조합한 '세미모노코크 구조'로 설계된다.

커진 창문

기존 여객기의 창문(점선으로 표시)보다 세로가 더 늘어난 787의 객실 창문.

071

좌석의 테이블은 기울어져 있다?

여객기가 활주로에서 이륙해서 계속 상승하고 마침내 수평비행에 들어서면 객실에서는 식사 서비스가 시작된다. 수평비행이란 날개에 생기는 양력(위로 들어 올리는 힘)과 기체에 가해지는 중력(아래로 끌어내리는 힘)이 균형을 이루는 상태다. 그러나 순항 고도에 달하고 수평비행에 들어서도 기체의 각도는 엄밀하게 '0도'가 아니다.

조종실의 자동조종장치에 관해서는 148페이지에서 이미 소개했다. 자동조종장치는 그날의 비행에 가장 적합한 '경제속도'를 컴퓨터로 산출하고 추력을 자동으로 제어한다. 추력이 줄어들면 양력도 줄어들기 때문에 같은 비행고도를 유지하기 위해 기수의 각도도 자동으로 조정된다. 즉 순항 비행 중인 기체는 완전한 '수평'이 아니라, 기수가 2.5~3도 정도 들린 상태로 비행한다.

이때의 진행 방향에 대한 기체의 각도를 '받음각(angle of attack)', 기수를 올리거나 내려서 각도를 바꾸는 조작을 '피치 조종(pitch control)'이라고 한다. 이륙·상승할 때의 받음각은 15도 정도다. 그에 비하면 3도는 매우 작은 각도이고, 그 정도의 기울기라면 전혀 눈치채지 못하는 사람도 많다. 그러나 감각이 예민한 사람이라면 객실 통로를 걸을 때 전방으로 쏠리거나 뒤로 넘어질 것 같은 느낌이 들지도 모른다.

기체가 3도 정도 기울어져 있다면 좌석의 테이블에 둔 음료가 쏟아지지 않을까 싶기도 하겠지만, 걱정할 필요 없다. 각 항공사가 새로운 여객기를 도입할 때는 좌석의 테이블도 미리 3도 정도 기울어지게 설치하기 때문에 안심해도 된다.

받음각

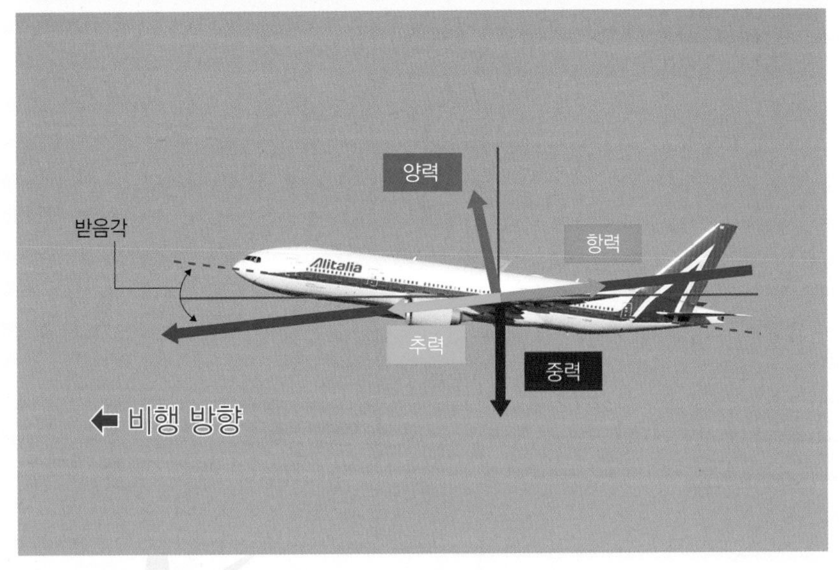

여객기는 순항 고도에서도 기수가 살짝 들린 자세로 비행한다.

음료가 쏟아지지 않을까?

좌석의 테이블은 미리 3도 정도 아래로 기울어지게 설치했다.

072 기내식은 어디에서 어떻게 만들까?

여객기에서 주방에 해당하는 곳은 갤리(galley)다. 소형기에는 갤리가 앞뒤로 두 군데, 대형기에는 5~7군데 정도 설치되어 있다. 주방이라고는 해도 진짜 주방처럼 불을 사용해서 요리하지는 않는다.

기내식은 '케이터링 업체'의 기내식 전문 공장에서 만든다. 일본에서 가장 많은 국제선이 운항되는 나리타 공항의 주변에는 6개의 공장이 모여 있다. 나는 그중 한 회사를 방문해보았다. 직원들은 하얀 작업복, 모자, 마스크, 장갑을 착용하고 수작업으로 음식을 요리하고 있었다. 위생 관리를 철저히 하고 있다는 인상을 받았다.

처음에는 준비실에서 고기, 생선, 채소 등의 식재료를 다듬었다. 일단 모든 식재료를 1인분 분량의 중량으로 나눈 후 그 상태로 거대한 냉장고에 넣었다. 잠시 후에 그 냉장고의 반대쪽(요리실)에서 냉장고 문을 열고 다듬어진 식재료를 꺼내서 냄비와 프라이팬으로 요리하기 시작했다. 그렇게 만들어진 요리 하나하나는 포장 담당 직원이 '포장 견본'을 참고하면서 정확하게 용기에 넣었다.

기내식을 만드는 공장이 가장 바빠지는 시간대는 출발 항공편들이 몰리는 시간대의 2~3시간 전이다. 기내식은 승객에게 제공했을 때 가장 맛있는 시간대를 역으로 계산해서 요리 시간을 정하기 때문에, 항공편의 출발 시간대에 따라 공장이 바빠지는 시간대가 달라지는 것이다.

기내에서 식사 시간이 되면 객실 승무원은 기내식이 여러 겹으로 쌓여 있는 카트의 스위치를 누른다. 그러면 트레이 아래의 가열판에 전기가 들어오면서 기내식이 먹음직스럽게 데워진다. 다 데워지면 객실 승무원은 카트를 밀고 통로를 오가며 기내식과 음료를 승객에게 일일이 가져다준다.

수작업

기내식은 기계 작업이 아니라, 하나하나 수작업으로 정성스럽게 만든다.

케이터링 업체

나리타 공항 근처에 있는 ANA 그룹의 케이터링 업체 'ANAC'.

고도 1만 m의 공중에서 미각은 어떻게 변하는가?

각 항공사는 최근에 유명 레스토랑이나 일류 호텔과 협력해서 기내식을 제공하기도 한다. 저명한 셰프들의 최고급 요리를 고도 1만 m의 공중에서 즐길 수 있다.

이를 주도한 사람은 프랑스 창작 요리의 거장으로 알려진 '오텔 드 미쿠니'(도쿄 요쓰야에 소재)의 오너 셰프 미쿠니 기요미다. 미쿠니는 2001년 봄에 당시의 스위스항공과 계약해서 나리타발 취리히행 항공편의 퍼스트 클래스와 비즈니스 클래스에서 자신의 감독하에 기내식을 제공하기 시작했다. 그 후로 많은 이용자들의 취향에 맞춰 팬들을 늘려갔다.

그런 그는 '기내식 만드는 일이 정말로 어렵다'고 이야기한다. 사람의 미각이 변하는 고도 1만 m의 상공에서는 사용할 수 있는 식재료와 맛을 내는 요령이 지상과 크게 다르다는 것이다.

독일의 연구 기관인 프라운호퍼협회는 이전에 '공중에서는 기압, 습도, 진동, 조명 등의 영향을 받아 미각이 지상의 3분의 1 정도로 저하된다'는 조사 · 연구 결과를 발표했다. 기압이 저하되면 미각 세포의 기능이 둔해지고 단맛과 짠맛 등의 감각을 크게 잃어버린다. 감기에 걸렸을 때와 같은 감도가 된다고 한다. 또한 공기가 건조한 기내에서는 식재료의 신선도가 급격히 떨어지고, 맛의 중요한 요소인 '향기'를 잘 느끼지 못하게 된다. 비행 중의 엔진 소리나 진동도 미각에 약간의 영향을 끼친다고 한다.

미쿠니를 비롯해 각 항공사와 제휴한 셰프들은 그런 제약 속에서 끈질기게 도전을 지속하고 있다.

셰프들의 도전

미쿠니 기요미 셰프의 감독하에 제공되는 스위스국제항공의 기내식.

식재료 선정

공기가 건조한 기내에서는 식재료의 신선도가 급격히 떨어지기 때문에 식재료를 선정하는 데 고민이 많다.

대형 항공사와 저가 항공사의 좌석 간격 차이는?

세계의 저가 항공사(LCC)가 대부분 단통로형 에어버스 A320이나 보잉 737 가운데 한 기종으로 사용 기종을 통일한다는 것은 108페이지에서 설명했다. A320과 737은 둘 다 베스트셀러이고, 대형 항공사에서도 단거리 노선에 투입하는 예가 적지 않다. 그러나 기종은 같아도 내용은 완전히 다르다. 객실 배치는 운항하는 항공사가 자유롭게 설계할 수 있다. 설치하는 좌석 수를 줄이면 승객 개개인에게 넉넉한 공간을 제공할 수 있고, 좌석 수를 늘리면 승객 개개인의 공간이 좁아진다.

LCC에서 선택하는 방법은 물론 후자다. 대형 항공사에 비하면 좌석 앞뒤 간격이 좁다. 한 번의 비행에 많은 승객을 태워야 그만큼 수익이 오르기 때문이다.

그러면 LCC의 좌석 앞뒤 간격은 실제로 어느 정도로 좁을까? 일본의 LCC 세 군데(피치항공, 제트스타저팬, 바닐라에어)에서 사용하는 A320의 객실 배치를 예로 들어 살펴보면, 좌석은 중앙 통로를 사이에 두고 좌우로 세 자리씩, 한 열에 여섯 자리가 배치되어 있다. 이코노미 클래스만 운영하는 형태이며, 전체 좌석 수는 세 항공사 모두 180석으로 똑같다. 대형 항공사의 대부분은 같은 A320을 160석 정도로 설계하므로, 그에 비하면 LCC의 좌석은 10% 이상 많다고 할 수 있다. 180석 사양의 A320은 평균 좌석 앞뒤 간격이 73.66 cm다. 대형 항공사의 평균 좌석 앞뒤 간격인 약 80 cm보다 7 cm 정도 좁다. JAL이 장거리 국제선 기종에 도입한 최신 좌석 '신간격 이코노미'는 좌석 앞뒤 간격이 86 cm나 되므로, 그 차이는 한층 벌어진다. 그러나 LCC 팬들은 좁은 좌석 간격을 모두 너그러이 이해해준다. "대형 항공사에 비해 운임이 훨씬 저렴하기 때문에 그 정도는 참을 수 있습니다"라며 개의치 않는다.

180석을 배치한 A320

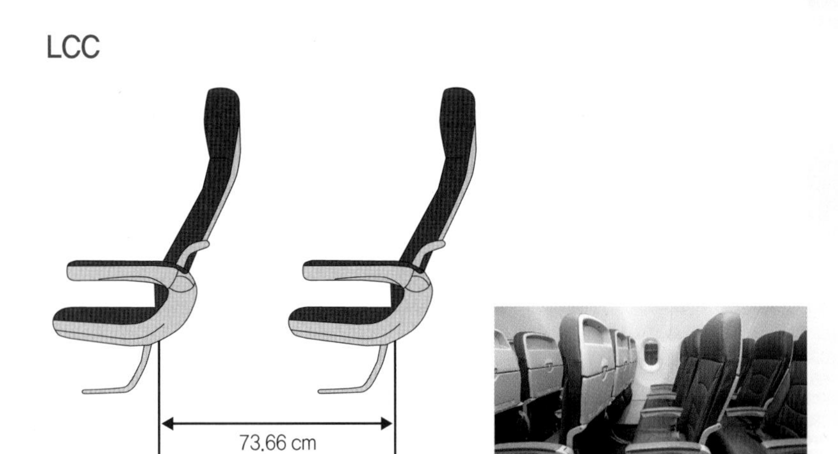

일본의 LCC가 운항하는 180석 사양의 A320은 평균 좌석 앞뒤 간격이 73.66 cm다.

신간격 이코노미

JAL

86 cm

JAL이 장거리 국제선 이코노미 클래스에 도입한 최신 좌석 '신간격 이코노미'.

075

등받이가 젖혀지지 않는 좌석이 있다?

한 독일인 기자로부터 이 이야기를 들었을 때 처음에는 '그런 항공사가 있어?' 하고 귀를 의심했다. 그러나 실제로 타보니 등받이가 젖혀지는 좌석이 정말로 하나도 없다! 그 항공사는 아일랜드에서 탄생해서 유럽 전역에 네트워크를 확대한 LCC, 라이언에어다.

나는 프랑크푸르트 교외의 한(Hahn) 공항에서 출발하는 라이언에어 항공편을 탔다. 승객 몇 명의 뒤를 좇아 보잉 737-800의 기내에 들어갔다. 지정 좌석은 없다. 추가 요금을 내서 '우선 탑승'의 권리를 산 사람 외에는 어디에 앉든 먼저 앉는 사람이 임자다. 객실에 들어오면 통로를 사이에 두고 세 자리씩 늘어선 노란색 위주의 컬러풀한 좌석이 눈에 꽂힌다. 이코노미 클래스만 운영하는 구조이며, 총 189석이 설치됐다.

자리에 앉자마자 바로 등받이를 젖히려고 해보았다. 역시 독일인 기자가 말한 대로였다. 좌석의 어느 곳을 찾아봐도 등받이를 젖히기 위한 리클라이닝 레버나 버튼이 보이지 않았다. 주위를 둘러봤더니 아무도 등받이를 젖히려는 생각은 하지 않는 듯했다.

영국인 남성 승무원이 다음과 같이 말했다.

"등받이를 젖히는 기능을 없앴더니 수익이 올랐습니다. 고장은 등받이가 움직이는 부분에서 많이 발생하는데, 그것을 일일이 고치다 보면 다음 출발 시간에 늦어지고 매출에 악영향을 끼치지요."

공항에서의 턴어라운드(turnaround, 공항에 도착한 여객기가 승객을 내린 후 다시 이륙할 때까지 걸리는 시간)를 단축해서 항공기의 가동률을 높이는 것은 LCC의 비용 삭감을 위한 중요한 전략이다. 등받이를 젖히는 기능이 없을 뿐 아니라, 앞좌석 등받이에 달려 있어야 할 테이블도 없다.

라이언에어

비용 절감을 위해서는 무엇이든 한다는 전략으로 노선을 확대하는 라이언에어.

비용 절감을 철저하게 추구

등받이를 젖히는 기능을 폐지한 이유는 수리에 드는 시간을 줄이기 위해서다. '고장은 등받이가 움직이는 부분에서 많이 발생한다'고 한다.

상승 중에 귀가 멍멍해지는 이유는?

여객기가 이륙해서 상승하면 귀가 멍멍해지는 경우가 있다. 그 원인은 기압이 급격히 변하기 때문이다. 지상(고도 0 m)에서 1기압인 대기의 압력은 여객기의 고도가 높아질수록 서서히 낮아진다. 고도 1만 m의 상공에서는 0.26기압이 되어 지상의 약 4분의 1 정도로 떨어진다. 인간의 신체는 이런 기압의 변화에 적응하지 못한다.

지상에서는 외부로부터 우리 신체에 1기압의 힘이 가해지는데, 반대로 신체 내부에서도 1기압으로 미는 힘이 작용해서 신체 외부와 내부의 '균형이 맞는' 상태가 된다. 기내의 기압은 여압으로 조절하지만, 기체 구조상 1기압까지는 올리지 않는다. 기내를 지상과 같은 1기압으로 유지하려면 동체에 큰 힘이 가해진다. 그 힘에 견딜 수 있는 동체를 만들면 중량이 늘어나 하늘을 나는 것조차 불가능해진다.

지금까지의 여객기는 고도 1만 m의 상공에서 기내의 기압을 고도 2,400 m 정도(0.75기압)로 유지해왔다. 그러므로 이륙 · 상승해서 기내의 기압이 조금씩 떨어지면 1기압인 상태의 신체 내부에서는 공기가 바깥으로 나가려고 하고, 특히 민감한 기관인 고막에 압력이 가해져서 귀가 멍멍해지는 것이다.

그러나 예외도 있다. 차세대기로 등장한 보잉 787이나 에어버스 A350XWB는 이런 성가신 문제를 해결했다. 기체의 50% 이상을 기존의 알루미늄 합금 대신에 고강도 탄소섬유 복합재로 제작했기 때문에, 순항 비행 중의 기내 고도를 1,800 m 정도로 설정할 수 있게 됐다. 고도 1,800 m라면 지상 환경과 그다지 차이가 없다. 이렇게 함으로써 쾌적한 하늘 여행을 실현할 수 있게 됐다.

기압 저하로 고막이 진동한다

이륙 · 상승 중에는 기내의 기압이 서서히 떨어지고, 신체 내부의 공기가 바깥으로 나가려고 한다.

787의 쾌적한 환경

JAL 787의 기내. 상공에서의 기내 고도를 낮게 설정해서 지상과 별 차이 없는 환경을 실현했다.

구름 위에서도 와이파이를 사용할 수 있을까?

기내에서 인터넷 접속을 할 수 있는 서비스가 확산되고 있다. 나는 JAL의 유럽 · 미주 노선 등에서 이 서비스를 이용하면서부터 상공에서 보내는 시간이 완전히 달라졌음을 실감했다.

JAL 기내에서 인터넷을 사용하는 방법은 매우 간단하다. 좌석 테이블에 노트북을 펼치고 무선 LAN을 검색한다. 'Japan Airlincs'라고 표시된 네트워크를 선택하면 접속이 완료된다. 웹브라우저를 열면 'JAL SKY Wi–Fi'의 톱 페이지가 자동으로 표시되고, 이곳에서 신용카드로 결제하면 와이파이를 자유롭게 사용할 수 있게 된다. 나는 노트북으로 이용했지만, 스마트폰이나 태블릿으로 이용해도 절차는 똑같다.

2012년 7월 JAL은 장거리 국제선의 주력 기종으로 활용하는 보잉 777–300ER에서 처음으로 이 와이파이 접속 서비스를 제공하기 시작했다. 현재는 다른 기종이나 국내선에도 속속 도입하고 있다. 777–300ER의 경우, 총 5개의 와이파이용 액세스 포인트(access point)를 각 클래스의 객실 천장 뒤에 설치했다. LAN에 접속한 이용자의 컴퓨터나 스마트폰은 안테나를 통해 적도상의 위성과 연결된다. 비행 중에는 2~3개의 위성을 바꿔가면서, 위성을 경유해 지상의 기지국과 접속해서 인터넷을 이용할 수 있는 구조다.

통신위성을 매개로 제공되는 서비스이므로 비행경로나 기상 상황에 따라서는 위도가 높은 일부 지역(미국 알래스카 주, 캐나다 국경 지방 등)에서 통신이 불안정해지는 경우도 있다고 한다. 그러나 적어도 내가 직접 경험한 바로는 통신이 끊긴 경우가 없었고 웹페이지 열람, 지상과의 이메일 교환, SNS 사용 등을 매우 쾌적하게 즐길 수 있었다.

상공에서 이메일 교환

기내를 '사무실'로 바꾸는 'JAL SKY Wi-Fi' 서비스는 2012년 7월부터 제공되기 시작했다.

위성과 교신

윗부분에 위성과 교신하는 안테나가 있다. 위성을 경유해서 지상 기지국과 접속한다.

078
창밖으로 보이는 '원 모양 무지개'는?

비행 중에 창밖으로 '원 모양 무지개'가 보이는 경우가 있다.

무지개가 둥근 모양이라는 것도 신기하지만, 더 놀라운 것은 그 원 안에 비행기의 그림자가 작게 비치고 우리와 똑같은 속도로 이동한다는 사실이다. 너무나 신비스러운 광경이다.

비행기를 이용한 여행 기회가 많은 사람이라면 한두 번쯤은 봤을지도 모른다. 과연 이것의 정체는 무엇일까?

이것은 이른바 '브로켄 현상(Brocken spectre)'이라는 것이다. 다음 페이지의 그림처럼 비행기에 태양빛이 비치면 그 빛이 기체를 돌아서 반대쪽으로 나아가 구름이라는 스크린에 그림자를 비춘다. 이는 산꼭대기에서도 자주 볼 수 있는 현상인데, 나는 태양을 등지고 섰을 때 내 그림자가 전방의 구름이나 안개에 비치는 모습을 여러 번 본 적이 있다. 주위에 '원 모양 무지개'가 출현하는 것은 공기 중의 물방울에 의해 빛이 굴절되기 때문이다.

일본 항공사의 객실 승무원에게 물어봤더니 국내선에 승무할 때는 세토나이카이 상공에서 이 '원 모양 무지개'와 자주 만난다고 한다. 그리고 승무원들 사이에서는 '원 모양 무지개'를 만나면 행복해진다는 소문이 돌고 있다.

'원 모양 무지개'는 태양이 있는 곳의 반대쪽 좌석에서 보인다. 항공기 아래에 스크린 역할을 할 구름도 있어야 한다. 또한 그 구름에 비친 비행기의 그림자를 보는 것이기 때문에 태양이 머리 위에 있을 때는 좀처럼 '원 모양 무지개'를 만날 수 없다. 아침이나 저녁 즈음 태양이 약간 기울어진 때가 가장 좋다. 다음번에 비행기를 타면 다들 눈을 씻고 '원 모양 무지개'를 찾아보는 것을 어떨까?

신기한 광경

상공에서 만나는 신기한 광경. 둥근 무지개 안의 비행기 그림자가 우리와 같은 속도로 이동한다.

브로켄 현상

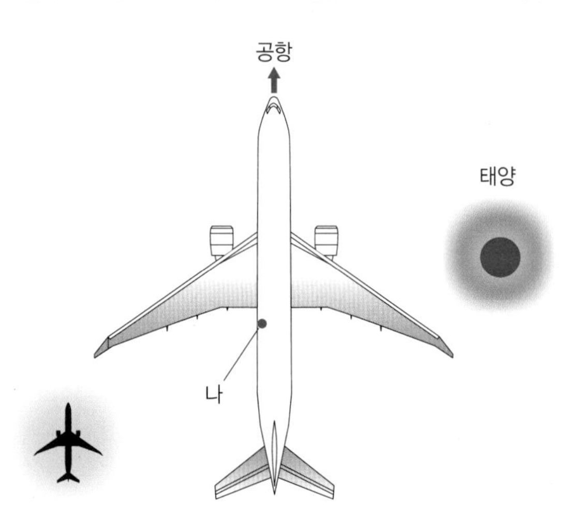

태양빛이 기체의 반대쪽으로 돌아 스크린 역할을 하는 구름에 그림자를 비춘다.

079

이코노미 클래스 증후군 예방법은?

좌석에 장시간 같은 자세로 앉아서 다리를 움직이지 않고 있으면 다리의 정맥에 혈전(핏덩어리)이 생길 수 있다. 비행기에서 내려 걷기 시작하면 이 혈전의 일부가 혈류를 타고 폐로 들어가 폐의 혈관을 막을 수 있다. 이런 '폐색전'이 이코노미 클래스 승객에게 많이 발생했기 때문에 '이코노미 클래스 증후군'이라는 이름으로 알려지게 됐다.

정확한 병명은 '심부정맥혈전'이다. 이코노미 클래스에 한정된 병이 아니며, 그보다 상급 클래스에서도 이 증상으로 괴로워하는 사람이 있다. 장거리 버스나 장거리 열차의 승객, 트럭이나 택시 운전사에게서도 동일한 증례가 보고되기도 한다.

비행기에서 내릴 때 '신발이 발에 잘 들어가지 않는다'며 당황해하는 사람을 가끔 볼 수 있다. 심부정맥혈전의 징후는 이처럼 '발이 붓는 것'이 특징이다. 공기가 건조한 기내에서 장시간 움직이지 않고 가만히 앉아 있으면 수분 부족과 운동 부족에 빠진다. 따라서 발이 붓고 무릎 안쪽의 정맥에 혈전이 생길 수 있으니 조심해야 한다. 피곤할 때나 컨디션이 나쁠 때는 이러한 증상이 더 현저히 나타난다. 증상은 혈전이 생긴 위치에 따라 달라진다. 가장 많은 증례가 앞서 말한 '폐색전'이다. 혈전이 폐를 막으면 호흡 곤란과 심폐 정지 상태가 되고, 이것이 목숨을 위협하기도 한다.

이런 사태를 피하기 위해서는 기내에서 물을 자주 마시고, 적당한 운동을 해야 한다. 예방법을 다음 페이지의 그림으로 나타냈다. 각 항공사의 홈페이지에서도 좌석에 앉은 채 할 수 있는 간단한 다리 운동법 등을 그림으로 소개하고 있다.

원인과 발증

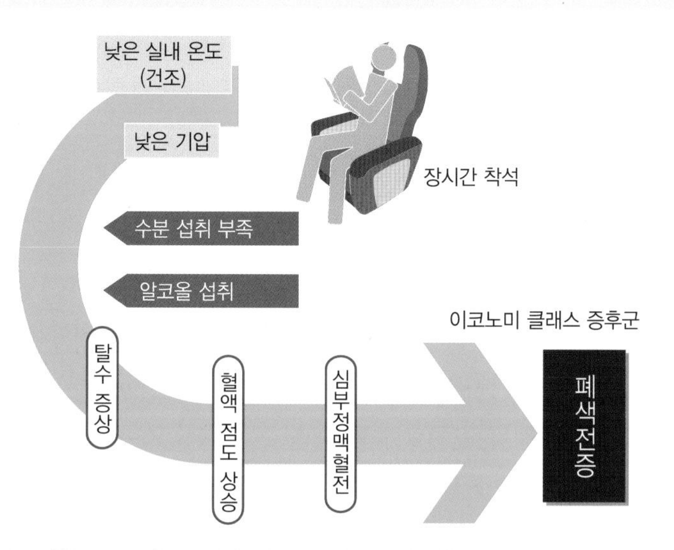

이코노미 클래스 증후군(심부정맥혈전)의 원인과 발증까지의 흐름.

수분 보충과 적당한 운동

- 물을 많이 마신다.
- 알코올을 피한다.
- 앉아 있는 동안에도 팔과 다리를 움직인다.
- 가끔 자리에서 일어나서 가벼운 운동을 한다.
- 넉넉하고 신축성 있는 옷을 입는다.
- 혈전증 병력이 있는 사람은 사전에 의사의 진단을 받는다.

물을 자주 마시고 기내에서 적당한 운동을 하는 것이 효과적인 예방법이다.

기내에서 샤워를 할 수 있다?

에미레이트항공이 140대(2015년 5월 현재)를 발주한 A380의 퍼스트 클래스에 타면 고도 1만 m의 상공에서 뜨거운 물로 샤워를 하고 느긋하게 쉴 수 있다. 실제로 필자가 체험한 바를 이야기해보겠다.

세계에서 유일한 '기내 샤워 · 스파 시설'은 상급 좌석이 있는 2층석의 가장 앞쪽에 설치되어 있다. 예약제로 이용할 수 있으며, 담당 직원이 탑승할 때 개개인의 희망에 따라 30분 단위로 예약을 받는다. 나는 식사를 마친 시간대에 샤워할 수 있게 예약했다.

"손님, 샤워할 시간이 됐습니다."

예정된 시간이 되자 담당 직원이 내 자리까지 와서 알려주었다. 샤워 부스에는 비누와 샴푸 등 고급 세면도구가 갖춰져 있을 뿐 아니라 드라이어도 완비되어 있었다. 바닥은 난방이 되어 있어서 옷을 다 벗어도 훈훈했다. 기내에 탑재할 수 있는 물의 양에 한계가 있기 때문에 따뜻한 물이 나오는 시간은 한 명당 5분으로 정해져 있다. 남은 시간을 타이머로 확인하면서 사용하면 된다.

'5분이라면 조금 빠듯하겠네.'

사용하기 전에는 그렇게 생각했지만, 실제로 샤워해보니 충분한 시간이었다.

샤워 룸 전임 승무원도 배치되어 있어서, 승객 한 명이 샤워를 마치면 그때마다 매트와 타월을 교체한다. 승객을 배려하는 마음이 전해져 왔다.

개운한 기분으로 좌석에 돌아오면 객실 담당 승무원이 음료와 과일을 가져다준다. 더 바랄 나위가 없는 최상의 서비스였다.

초호화 좌석

에미레이트항공의 퍼스트 클래스 '프라이빗 스위트'는 좌석도 매우 호화스럽다.

세계 유일의 기내 샤워 시설

샤워 · 스파 이용은 예약제이며, 한 사람당 30분 단위로 신청을 받는다.

081 소형 프로펠러기로 여행하는 즐거움은?

최신 제트 여객기로 해외여행을 하는 것도 좋지만, 가끔은 국내의 지방 노선을 소형 프로펠러기로 여행해보는 것도 즐겁다. 지방에 가면 그 지방에서만 날아다니는 흔치 않은 비행기도 체험할 수도 있다.

추천하고 싶은 항공사는 아마쿠사항공이다. 이 항공사는 딱 1대 보유한 소형 프로펠러기를 활용해서, 아마쿠사 공항을 거점으로 매일 10편을 운항한다. 첫 번째 항공편은 아침 8시에 아마쿠사를 출발한다. 후쿠오카를 왕복하고 다음으로 구마모토로 간다. 구마모토에서는 오사카(이타미)로 날아가고, 반대 경로를 거쳐 오후 3시 넘어서 아마쿠사로 돌아온다. 이렇게 여섯 구간을 운항한 후 승무원을 교대한다. 그 후로는 후쿠오카를 두 번 왕복하고 19시 35분에 아마쿠사로 돌아오면 하루의 비행이 종료된다.

사용하는 기종은 봄바디어의 DHC-8-Q100이다. 파란색의 '돌고래 부자(父子)'로 도색된 기체가 인기를 끌고 있고, 승객은 오픈 스폿에서 트랩을 오르기 전에 항공기를 배경으로 기념 촬영을 하곤 한다.

DHC-8-Q100은 2,700 m 정도의 낮은 고도를 날기 때문에 상공에서 바라보는 풍경을 만끽할 수 있다. 좌석은 겨우 39석이다. 좌석 앞주머니에 들어 있는 기내지는 직원들의 손으로 직접 만든 것이다. 기내는 가족적인 분위기가 감돈다. 도착한 아마쿠사 공항에서는 아마쿠사항공의 사장과 전무까지 나와서 수하물을 내리는 작업을 도와준다는 것이 놀라웠다.

2000년에 취항한 이래 15년 동안 하늘을 날던 DHC-8은 머지않아 퇴역하고, 2016년 1월에는 ATR42-600(48석)이 데뷔한다. ATR42는 일본 항공사에서는 처음으로 도입하는 기종이다.

'돌고래 부자'호

동체에는 아빠 돌고래, 엔진에는 아이 돌고래가 그려져 있는 '돌고래 부자'호.

시야가 확 트여 있다

좌석 수는 39석. 낮게 날기 때문에 지상 가까이에서 풍광을 즐길 수 있다.

082

하네다발 간사이행 비행기를 탔을 때 후지 산이 보이는 좌석은 어느 쪽?

항공기에 탈 때는 '반드시 창가 좌석에 앉겠다'고 마음먹는 사람도 많다. 날씨가 좋으면 발아래로 마치 지도를 보듯이 작은 섬, 해안선에서 돌출된 곳, 산맥 등의 풍경을 즐길 수 있기 때문이다. 최근에는 항공권을 예약할 때 좌석을 지정할 수도 있다.

창가 좌석 중에서는 주날개의 전방을 추천한다. 주날개 후방에서는 엔진의 배기 때문에 풍경이 선명하게 보이지 않기 때문이다. 주날개의 바로 위쪽도 시야가 가리기 때문에 되도록이면 피하는 것이 좋다. 주날개 전방 좌석이 매진됐다면 가장 뒤쪽 좌석을 예약하기 바란다. 엔진의 배기에 그다지 신경 쓰지 않아도 되고, 공간도 여유가 어느 정도 있어서 느긋하게 앉아 풍경을 감상할 수 있다.

이제 제목의 궁금증으로 돌아가보자. 정답은 '오른쪽 좌석'이다. 하네다를 이륙하면 일단 왼쪽에 이즈 반도가 나타나고, 그리고 곧바로 오른쪽에서 후지 산 기슭이 시야에 들어온다. 후지 산이 보이는 날에는 조종실에서 기내 방송을 통해 알려주는 경우가 많다. 그 후로는 오른쪽 창문으로 지타 반도를, 왼쪽 창문으로 시마 반도를 즐길 수 있다.

하네다에서 규슈 방면으로 날아갈 때는 어떨까? 가고시마나 미야자키로 가는 여객기에서는 후지 산이 보이는 쪽은 간사이행 여객기와 마찬가지로 오른쪽이다. 후쿠오카행 항공편에서는 그와 반대로 왼쪽에서 보인다.

계절의 차이도 즐길 수 있다. 여름철의 후지 산도 웅대하지만, 겨울철에 눈에 덮인 산꼭대기가 보이는 모습도 감동적이다. 다만 비행경로는 날씨에 따라 변경될 수 있으므로 주의해야 한다.

창밖으로 보이는 절경

계절마다 표정을 바꾸는 후지 산은 비행기에서 내려다보는 절경의 대표 격이다.

지타 반도

하네다에서 간사이로 가는 여객기에서는 후지 산을 지나면 오른쪽으로 지타 반도가 보이기 시작한다.

083 조종사와 정비사가 모두 여성인 항공편이 있다?

3월 3일은 '히나마쓰리[12)]'의 날이다. 매년 이 날이 되면 JAL과 ANA에서는 조종사와 객실 승무원을 모두 여성으로 구성하는 '히나마쓰리 플라이트' 행사를 연다. 승무원뿐 아니라 정비사, 그라운드 핸들링 직원, 공항의 승객 담당 직원까지 모두 여성으로만 편성한다.

2015년, JAL의 일곱 번째 히나마쓰리 플라이트는 보잉 737-800으로 하네다발 나가사키행 'JL1843편'이었다. 이 비행을 담당한 여성 직원은 총 20명이다. 객실 승무원, 그라운드 핸들링 직원, 정비사들은 탑승 게이트 앞에서 히나마쓰리를 축하하는 떡과 축하 메시지를 적은 카드를 승객들에게 일일이 나누어주었다. 계류장에서는 축하 일러스트를 붙인 토잉 트럭과 화물 컨테이너가 나란히 서서 승객들을 마중했다.

이 기획은 2009년부터 시작됐고 그 규모가 매년 커지고 있다. 여객기 운항의 여러 현장에 많은 여성 직원이 진출해 있음을 엿볼 수 있는 행사다.

2015년, ANA의 히나마쓰리 플라이트는 하네다발 이타미행 'NH33편'이었다. 운항 기종은 777-200으로, 그해에는 기장만 남성이 담당했다.

JAL은 5월 5일 '어린이날'에 객실 승무원을 포함한 모든 직원을 남성으로 꾸리는 '잉어 깃발[13)] 플라이트' 행사도 2009년부터 꾸준히 열고 있다. 이 행사는 젊은 여성 승객이나 남자아이를 동반한 어머니들 사이에서 인기가 높다.

12) 여자아이의 성장을 축하하는 일본의 전통 축제

13) 어린이날에 남자아이의 성장을 축하하는 의미로 내거는 깃발

히나마쓰리 플라이트

JAL은 2009년 3월 3일부터 '히나마쓰리 플라이트' 행사를 시작해서 지금까지 매년 개최하고 있다.
ⓒJAL

잉어 깃발 플라이트

5월 5일의 '잉어 깃발 플라이트'에서 승객을 맞이하는 JAL의 남성 직원들. ⓒJAL

예전에 일본에는 기모노를 입은 객실 승무원이 있었다?

국제화가 진전되던 1960년대부터 1970년대 초에 걸쳐 일본 문화의 가교로서 세계에 날개를 펼치던 JAL은 객실 승무원에게 기모노를 입혀 일본식 서비스를 제공한 적이 있다.

객실 서비스용으로 특수 제작된 기모노는 위아래를 따로따로 착용할 수 있는 형태였다. 좁은 화장실에서 5~10분 만에 갈아입을 수 있도록 하기 위한 방책이었다. 허리끈도 쉽게 탈착할 수 있는 원터치 방식이었다고 한다. 그런 노력에도 불구하고 '갈아입기가 힘들다', '긴급 상황에서 자유롭게 움직일 수 없다' 등의 이유로 1970년대 중반에 모습을 감추었다.

"예전의 일본식 서비스가 좋았는데."

당시를 회상하는 목소리가 지금도 가끔 내 귀에 들린다.

물론 기모노를 입고 접객하는 서비스가 모습을 감췄다고는 해도 JAL의 서비스에서 '일본풍'이 완전히 사라진 것은 아니다. 기내에서 직접 쌀밥을 지어서 제공하는 서비스는 '일본풍' 서비스를 시도하는 것이라고 할 수 있다. 2005년 12월에 런던 노선과 뉴욕 노선의 상급 클래스에서 시작한 이 서비스는 지금도 다른 노선으로 계속 확대되는 중이다. 그 외의 서비스에서도 '일본풍'이 녹아 있다. 와인 리스트에 일본산 와인을 추가하거나 식사 메뉴에 일본산 치즈를 곁들이기도 한다. 식사를 대접할 때도 외국인이 흉내 내기 힘든 일본인만의 독특한 태도가 있다. 상을 차릴 때 한 손으로 식기를 테이블에 턱하니 놓는 것이 아니라, 자연스러운 여운을 두며 양손으로 상을 차리는 태도는 일본만의 독특한 문화다.

JAL의 여객기에서는 오랜 전통의 '일본풍 접객'이 현재에도 면면히 이어지고 있다.

JAL의 '일본풍 접객'

JAL의 기모노 제복은 1970년대에 모습을 감췄지만, 당시를 회상하는 목소리는 지금도 끊이지 않는다.

©JAL

갓 지은 쌀밥

국제선의 기내에서 니가타 현에서 생산한 고시히카리로 밥을 지어 제공한다.

085 애완동물은 기내의 어디에 탈 수 있을까?

항공사들은 애견과 함께 여행하고 싶다는 애완동물 애호가들의 요망에 부응하는 서비스도 제공하고 있다.

주인이 애완동물을 객실에 데리고 들어갈 수는 없다. 일본 국내 항공사들은 애완동물을 화물칸에 태운다. 화물칸이라도 공기 조절 장치는 완비되어 있다. 각 항공사는 소중한 애완동물을 인진하게 수송하기 위해 수의사 등 전문가의 조언을 받기도 한다.

애완동물을 맡기는 데 예약은 필요 없다. 애완동물용 케이지에 넣고 출발 당일에 공항 카운터로 가서 수하물과 함께 수속을 밟으면 된다. 대여용 케이지도 마련되어 있다. 애완동물은 출발 15~30분 전까지 보관센터에서 돌봐주니 걱정할 필요는 없다.

그 후 직원은 케이지를 하나씩 화물칸으로 옮긴다. 애완동물들은 비행 중에 그곳에서 지내게 된다. 비행 중에는 '100% 안전'하다고는 단언할 수 없다. 비행기의 엔진 소리와 진동은 동물에게 스트레스가 되고, 환경이 바뀌어서 열이 나거나 열중증(熱中症)에 걸리기도 한다. 온도, 습도, 기압의 변화에 민감한 단두견종(불도그, 시추 등)에 관해서는 서비스를 중단한 항공사도 많다.

미국이나 유럽에서는 좌석 발아래에 놓을 수 있는 크기의 작은 개나 고양이에 한해 기내에 데리고 들어갈 수 있도록 허가하는 항공사도 있다. 한 좌석당 한 마리만 데리고 들어갈 수 있다는 제한은 있지만, 애완동물 문화에 관해서는 미국과 유럽 쪽의 역사가 오래된 만큼 일본보다 진보적이라고 할 수 있다.

애견과 함께 하늘 여행을

항공사들은 애견과 함께 여행을 떠나고 싶다는 요망에도 대응하고 있다.

애완동물용 케이지

애완동물을 맡기는 데 예약은 필요 없다. 애완동물용 케이지에 넣고 출발 당일에 공항 카운터로 가기만 하면 된다.

사랑이 없는 연인석

이미 알고 있는 사람도 많을지 모르지만, 여객기의 좌석 번호에는 알파벳 'I'가 없다. 통로가 두 줄 있는 대형기, 예를 들어 보잉 777 이코노미 클래스의 좌석 배치는 왼쪽 창가부터 순서대로 ABC, 중앙 열이 DEFG, 통로를 넘어 오른쪽 창가 쪽으로 HJK라는 문자가 할당된다. 이때 H와 J 사이에 'I'가 빠져 있다.

그 이유는 숫자 '1'과 헷갈리지 않기 위해서다. 21열의 I라면 '21I'가 될 텐데, 언뜻 보면 'I'인지 '1'인지 구별하기 힘들다.

이전에 신혼부부가 자신들의 탑승권을 보면서 "어? 말도 안 돼. 나란히 앉는 자리가 아니네?" 하며 실망하는 모습을 본 적이 있다. 두 사람의 좌석은 H와 J였다. 카운터의 직원은 두 사람에게 설명해주었다. 그런데 이때 조심해야 한다. 신혼부부에게 무심코 "두 분 사이에 'I[14]'는 없으니까 괜찮습니다"라고 말하면 클레임이 들어올지도 모른다.

좌석 번호의 알파벳에는 '1'과 헷갈리기 쉬운 'I'가 없다.

14) 일본어로 사랑이라는 뜻의 「아이(愛)」와 발음이 같다.

제6장

공항에 관한 궁금증

항공기를 이용하는 사람들이 반드시 들르는 공항에도

잘 알려지지 않은 사실이 많다.

활주로에 쓰인 숫자의 의미는?

요즘 자주 들리는 '허브 공항'이란 무엇일까?

세계에서 이용객 수가 가장 많은 공항은?

공항에 관한 모든 궁금증을 풀어보겠다.

활주로에 쓰인 숫자의 의미는?

탑승한 항공기가 터미널을 떠나 유도로를 따라 활주로로 나아갈 때 창밖을 보면, 활주로 끝에 두 자리 숫자와 알파벳이 쓰여 있는 것을 발견할 수 있다. 하네다 공항을 예로 들면, 각 활주로에 '16L', '16R', '34L', '34R'가 쓰여 있다.

이 숫자는 각 활주로가 향하는 방향을 나타낸다. 정북을 360, 정남을 180이라고 하면, 시계 방향으로 돌면서 정동은 090, 정서는 270이 된다. 표시된 숫자는 그 세 자리 숫자(방위각)에서 첫 두 자리다. 다음 페이지 사진의 '34' 활주로는 340도 방향, 즉 비행기에서 봤을 때 정북으로부터 20도만큼 서쪽으로 치우쳐서 부설됐다는 뜻이다. 숫자에 첨부된 'L'과 'R'는 같은 방향으로 병행해서 뻗어 있는 활주로 가운데 L은 왼쪽(left), R는 오른쪽(right) 활주로임을 나타낸다.

새 공항을 만들 때는 주변의 풍향을 철저히 조사해야 한다. 항공기는 날개에 바람을 받아 양력을 발생하기 때문에 바람이 정면으로 불어오는 것이 가장 좋다. 그 지역의 평균 풍향과 계절별 풍향 특성에 관한 면밀한 데이터를 모으고, 1년을 통틀어 가장 자주 부는 풍향 쪽으로 활주로를 배치한다.

때로는 여객기의 이착륙에 가장 부적합한 횡방향의 바람이 부는 날도 있다. 그러므로 대규모 국제공항에서는 횡풍(측풍)에 대비해 활주로를 병설하는 경우도 많다. 하네다 공항은 B활주로를 횡풍 대비용으로 건설했다. A활주로와 C활주로가 '34'에서 '16'으로 뻗어 있는 데 비해, B활주로는 '22'에서 '04'로 뻗어 있다. 국제화를 목표로 2010년 가을에 공개한 새로운 D활주로는 B활주로와 거의 비슷한 '23/05'다.

이착륙은 역풍을 받으며

'34'활주로는 340도 방향, 즉 정북으로부터 20도만큼 서쪽으로 치우쳐서 있다는 뜻이다.

하늘에서 본 하네다 공항

A · C활주로와 횡풍용 B · D활주로 등 4개의 활주로를 운용한다.

087 공항의 '3레터코드' 할당 방법은?

세계에는 약 1만 개의 공항이 있다. 각 공항은 국제항공운송협회(IATA, international air transport association)에서 정한 3개의 알파벳으로 이루어진 3레터코드(three letter code)를 할당받는다.[15] 일본을 예로 들면, 나리타 공항은 NRT, 하네다 공항은 HND, 간사이 국제공항은 KIX……. 응? NRT와 HND는 공항 이름을 로마지로 표기한 듯한 느낌이 나서 쉽게 이해가 되지만, 간사이 국제공항은 왜 'KIX'일까?

1994년에 개항한 간사이 국제공항은 원래 'Kansai International Airport'의 첫머리 글자를 딴 'KIA'를 할당받고 싶어 했다. 하지만 'KIA'는 이미 파푸아뉴기니의 카이아핏이라는 도시에서 사용하고 있었고, 'KI' 뒤에 올 수 있는 알파벳은 'I'와 'X'밖에 남지 않은 상황이었다. 간사이 국제공항이 선택한 글자는 그중 'X'였다. 미국 로스앤젤레스 국제공항(LAX)이 전 세계에 '락스'라는 발음으로 친숙하다는 점도 이런 결정에 영향을 주었다. 발음은 강렬한 인상을 주는 '킥스(KIX)'로 정했다.

러시아의 상트페테르부르크에 있는 풀코보 공항의 'LED', 베트남 호치민 시에 있는 탄손낫 공항의 'SGN' 등 3개의 알파벳에서 공항 이름을 연상하기 어려운 예도 적지 않다. 이는 예전 도시 이름인 '레닌그라드'와 '사이공'에서 유래했기 때문이다. 알파벳은 전부 26개이므로 3레터코드는 이론상 26×26×26=17,576개의 패턴을 만들 수 있다. 현존하는 공항은 약 1만 개이기 때문에 새로운 공항이 생겨도 당분간 코드가 부족할 염려는 없다. 그러나 특정한 3개의 문자는 먼저 사용하는 쪽이 임자다.

15) 인천공항은 ICN, 김포공항은 GMP, 서울공항은 SSN이다.

3개의 알파벳

태그에 쓰인 'HKG'는 홍콩 국제공항의 3레터코드다.

킥스

많은 여행자에게 '킥스(KIX)'라는 이름으로 친숙한 간사이 국제공항.

대도시에 있으면 모두 '허브 공항'인가?

항공 관련 뉴스를 들으면 '허브 공항'이라는 말을 자주 접할 수 있다. '허브 공항'을 '대도시에 있는 큰 공항'이라는 뜻으로 이해하는 사람도 있다. 그런데 허브 공항이 대도시에 위치하는 경우가 많은 것은 사실이지만, 대도시에 있다고 해서 꼭 허브 공항이라고는 하지 않는다. 그러면 허브 공항이란 어떤 개념일까? 다음 페이지의 그림으로 설명하겠다.

A에서 D까지 4개의 도시에 각각 공항이 있다고 하자. 이 네 도시를 우선 '패턴 1'처럼 모두 직항편으로 이으면 A–B, A–C, A–D, B–C, B–D, C–D 등 6개의 노선이 필요하다. 이어서 A공항을 중심으로 '패턴 2'처럼 노선을 이으면 어떨까? 중심에 있는 A공항에서는 다른 세 공항으로 직접 연결하고, B · C · D공항 사이는 A공항을 경유해서 오간다.

A공항을 '허브'로 둔 '패턴 2'의 경우에는 필요한 노선이 3개뿐이다. 모든 도시를 직항편으로 잇는 '패턴 1'의 절반이다. 각 항공사는 이렇게 허브 공항을 활용하면 이용자의 요구에 부응하는 운항표를 쉽게 작성할 수 있다.

네 도시에서 하루에 최대 12편을 운항할 능력이 있는 항공사를 생각해보자. 네 공항을 모두 직항편으로 이으면 6개 노선에 2편씩, 즉 매일 한 번씩밖에 왕복하지 못한다. 그런데 허브 공항을 중심으로 노선을 전개하면 3개의 노선에 하루 4편씩, 즉 두 번씩 왕복 운항할 수 있다. 두 번 왕복하는 항공편을 오전 편과 오후 편으로 나누면 이용자에게도 선택의 폭이 넓어져서 편리하다. 지방 공항에서 다른 지방 공항으로 이동하는 경우에는 허브 공항에서 한 번 갈아타기만 하면 원하는 시간대에 어디든지 갈 수 있다.

노선망의 중심

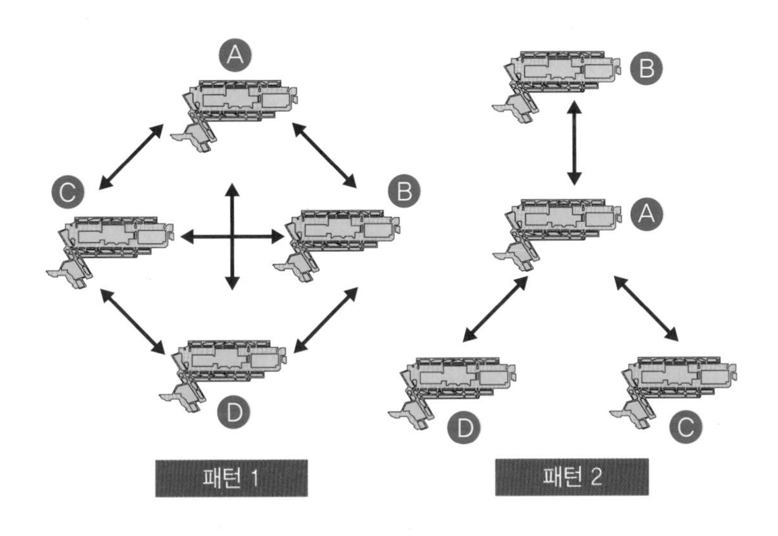

허브 공항의 개념도. '패턴 2'의 A공항이 허브 공항 역할을 한다.

일본 네트워크의 '요충지'

지방에서 해외로 가려면 일본 항공사의 메인 허브로 기능하는 하네다 공항을 이용한다.

세계 최초의 '해상 공항'은 어디인가?

세계에서 처음으로 해상에 만든 공항은 일본의 '나가사키 공항'이다. 1975년에 오무라 만에 떠 있는 섬과 그 주변을 매립하여 건설했다. 수평선 너머에서 여객기가 나타나 바다에 떠 있는 작은 섬에 착륙하는 모습을 보기 위해 개항 당시 연일 많은 사람들이 모여들었다고 한다.

해상에 활주로를 만드는 일은 조종사들도 환영한다. '주변이 바다이므로 시야를 방해하는 장애물이 없어서 이착륙하기 쉽기 때문'이다. 2006년 2월에 고베 공항, 2007년 3월에 신기타큐슈 공항을 해상에 건설했다.

소음 문제도 새로운 공항을 해상에 건설하는 이유 가운데 하나다. 바다 위에 공항이 있으면 여객기가 24시간 언제든지 이착륙해도 상관없다. 여객기의 소음을 주변의 주택지에서 멀리 떨어뜨릴 수 있기 때문이다. 활주로를 24시간 사용할 수 있게 되면 외국에서 오는 항공편도 늘어날 테고, 일본에서 출발해 해외여행을 하기에도 편리해질 것이다. 여객기의 이착륙이 적은 밤중에는 화물기도 이착륙할 수 있어서 경제 효과도 크게 기대할 수 있다.

원래 국토가 좁은 일본에서는 대도시 가까이에 새로운 공항을 지으려고 해도 필요한 부지를 확보하기가 어렵다. 이것도 새로운 공항을 바다에 건설하는 이유다. 그래서 일본에서는 대형 철강 제조사 등을 중심으로, 인공섬을 만들어 그곳에 공항을 건설하는 초대형 부유식 구조물(메가플로트) 기술 개발에 일찍부터 적극적으로 뛰어들었다. 해양 개발 기술에 관해서는 일본이 다른 나라보다 크게 앞서 나가고 있다.

공항은 '바다'를 노린다

1975년에 오무라 만에 떠 있는 섬과 그 주변을 매립해서 완성한 나가사키 공항.

메가플로트

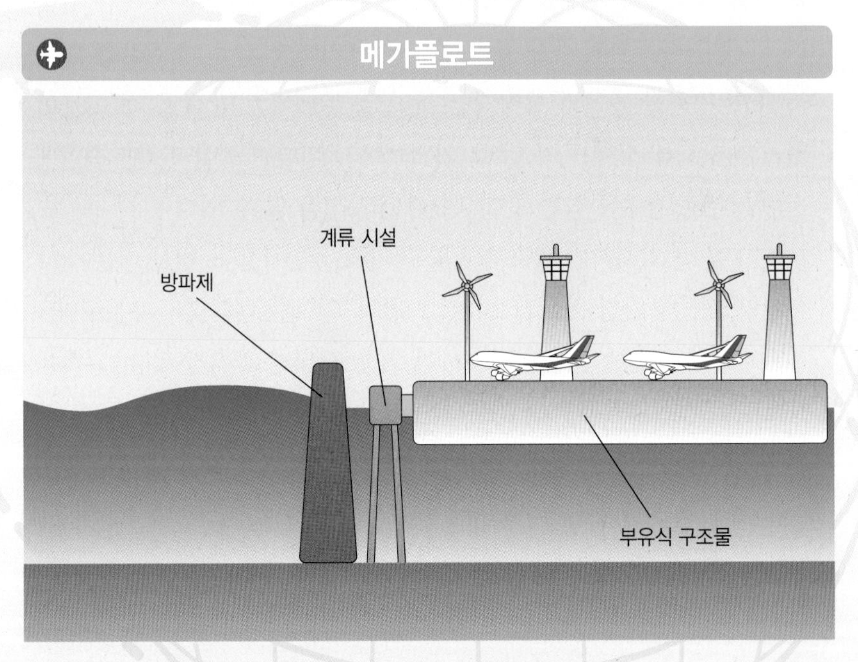

인공섬 건설 등에 활용되는 메가플로트 기술은 섬나라 일본의 '특기'다.

090

활주로에 숨겨진 놀라운 '장치'는?

대도시의 공항에서는 평균적으로 몇 분마다 한 번씩 여객기가 이착륙한다. 그래서 활주로는 늘 혹사당하고 있다. 활주로는 그런 부하를 견딜 수 있을 만큼의 강도가 필요하다.

일반적인 도로는 자갈과 모래 위에 까는 포장재의 두께가 겨우 몇 cm에 불과하다. 그런데 활주로는 두께가 2~3 m 정도 필요하다. 활주로를 건설할 때는 아스팔트를 깔고 거대한 롤러로 다지는 작업을 여러 번 반복해서 대형기가 이착륙해도 끄떡없을 만큼 강도를 높인다.

각 활주로에는 중요한 '장치'도 숨겨져 있다. 활주로 중심에 서서 바닥에 구슬을 놓고 살짝 밀면 어떻게 될까? 구슬은 처음에는 천천히, 그리고 마치 내리막길을 굴러가듯이 점점 속도가 붙으면서 굴러갈 것이다. 구슬은 활주로의 어느 한쪽 끝까지 굴러가게 된다. 활주로를 멀리서 보면 평평한 길처럼 보이지만, 사실 활주로에는 비가 올 때 빗물이 빨리 빠지도록 경사가 져 있다. 가까이에서 횡단면을 살펴보면 측면에서 중앙부로 갈수록 약간 솟아오른다는 사실을 알 수 있다.

비가 올 때 착륙하면 평소보다 활주 거리가 길어진다. 빗물 때문에 타이어와 노면의 마찰력이 감소하여 브레이크가 잘 듣지 않기 때문이다.

활주로의 표면에는 이를 방지하기 위한 또 다른 장치가 있다. 그것은 바로 가로줄무늬처럼 가느다란 홈을 노면에 파는 '그루빙(grooving)'이라는 방법이다. 활주로 위에 내린 빗물을 이 홈으로 빠지도록 해서 안전한 착륙을 촉진한다.

경사

중심부로부터 양측을 향해 경사가 져 있는 보이지 않는 '장치'.

그루빙

비가 올 때 활주로 위의 빗물이 빠지도록 노면에 작은 홈(groove)을 판다.

091

세계에서 이용객 수가 가장 많은 공항은?

세계에서 이용객 수가 가장 많은 공항은 델타항공이 본거지를 두고 있는 미국 조지아 주의 애틀랜타 국제공항이다.

2013년의 실적을 살펴보면 애틀랜타 국제공항의 1일 평균 이용객 수는 25만 명을 넘었고, 연간 9,500만 명이 이용했다. 중국의 베이징수도 국제공항이 연간 8,370만 명으로 2위이고, 영국 런던의 히스로 공항이 3위였다. 4위는 연간 6,800만 명이 이용하는 하네다 공항이 차지했고, 5위에는 미국 시카고의 오헤어 공항이 올랐다.

애틀랜타 국제공항에서는 매일 약 2,600대가 이착륙한다. '세계에서 제일 분주한' 이 공항은 애틀랜타라는 도시가 보여주는 활력의 상징이다. 애틀랜타에는 미국의 500개 대기업 가운데 450개 회사가 거점을 두고 있다는 조사 결과도 있다. 또한 해외나 일본에서 애틀랜타로 진출한 기업도 많다. 공항의 광대한 부지 내에는 여러 개의 관제탑이 설치되어, 활주로 다섯 곳 가운데 세 곳을 동시에 관제할 수 있다. 델타항공을 비롯해 각 항공사의 항공기가 세계를 향해 차례차례 날아오르는 광경은 다른 곳에서는 볼 수 없는 장관이다.

현재 나리타에서도 델타항공이 애틀랜타로 가는 직항편을 매일 운항한다. 애틀랜타에서는 미국의 각 도시 외에 중남미, 카리브 해 여러 나라로 가는 노선망도 구축되어 있다. 미국에서 '하늘의 교차로'로 성장을 거듭하고 있는 만큼, 일본의 여행자가 애틀랜타 공항을 이용할 기회도 점점 늘어날 것이다.

이용객 수 실적으로는 2014년에도 애틀랜타 국제공항이 꾸준히 1위를 지킬 것으로 보이지만, 2위인 베이징수도 국제공항의 추격도 만만치 않다. 2015년 이후에는 1위와 2위가 역전될 가능성도 있다.

연간 이용객 수 9,500만 명

애틀랜타 국제공항에서는 다섯 개의 활주로 가운데 세 개에서 동시에 항공기가 이륙할 수 있다.

베이징수도 국제공항

여행자가 급증하는 베이징수도 국제공항은 앞으로 세계 1위를 차지할 가능성이 있다.

092

세계 공항의 특이한 '최고' 기록은?

일단 부지 면적부터 살펴보자. 세계에서 가장 큰 공항은 사우디아라비아의 킹 파흐드 국제공항이며, 면적은 780 km²다. 도쿄 23구(622 km²)가 쏙 들어가고도 남는 크기다.

세계에서 가장 높은 곳에 있는 공항은 중국 쓰촨 성의 다오청야딩(稻城亞丁) 공항이며, 해발 4,411 m에 있다. 이는 후지 산(3,776 m)보다 높다. 현재 티베트 자치구에서 건설 중인 낙취다그링 공항은 해발 4,436 m이므로, 조만간 완성되면 1위 자리가 바뀔 것이다.

기네스 기록으로 인정된 '가장 비싼 공항'은 건설비 200억 달러(2조 4,000억 엔)를 들여 1998년에 개항한 홍콩 국제공항이다. 이전까지 홍콩에서 사용하던 카이탁 국제공항은 '세계에서 이착륙하기가 가장 어려운 공항'으로 알려져 있었다. 항공기가 공항에 내릴 때는 일반적으로 상공에서 낮은 각도로 천천히 고도를 낮춘다. 그러나 카이탁 국제공항은 활주로의 직선상에 평탄한 땅을 확보하지 못했기 때문에 활주로와는 다른 각도로 해상으로 하강하고, 고층 빌딩이 모여 있는 시가지 바로 위를 스치듯이 날아서 착륙 직전에 급선회하는 기술이 요구됐다.

착륙이 어렵다는 면에서는 네팔의 텐진힐러리 공항을 빼놓을 수 없다. 조종사들 사이에서도 '세계에서 가장 위험한 공항'으로 불린다. 히말라야 산간부의 구석에 자리잡고 있으며, 활주로는 겨우 527 m다. 우뚝 솟은 산맥을 향해 착륙하고, 절벽에서 몸을 던지듯이 이륙한다. 실로 목숨을 걸어야 하는 공항이다.

세계에서 가장 높은 관제탑(132.2 m)을 보유한 공항은 태국의 스완나폼 공항이다. 또한 독일의 뮌헨 국제공항은 세계에서 유일하게 공항 내에 맥주 양조장이 있다.

조종사도 싫어하는 공항

조종사들 사이에서 '세계에서 가장 위험한 공항'으로 불리는 네팔의 텐진힐러리 공항.

높이 132.2 m

태국의 스완나폼 국제공항의 관제탑은 높이 132.2 m로 세계에서 가장 높다.

계류 중인 여객기에 모여드는 특수차량의 역할은?

여객기가 터미널 앞의 스폿에 정지하면 평소에 좀처럼 보기 힘든 독특한 모양의 차량들이 모여든다. 마치 과자에 몰려드는 개미 떼 같다. 이러한 '특수차량'의 임무와 역할을 소개한다.

우선 동체 부분에서는 기내의 화물이나 승객의 짐을 내리는 작업이 시작된다. '카고 로더(cargo loadcr)'는 리프트를 사용해서 화물실에서 컨테이너와 팔레트를 내린다. 동체 후방에서는 '벨트 로더(belt loader)'도 가동한다. 폭이 넓은 고무벨트로 화물을 하나씩 지상으로 내린다. 지상으로 내린 화물과 짐은 '컨테이너 트럭(container truck)'에 실어 여객 터미널로 향한다.

주날개 아래에는 연료를 보급하는 '급유차'가 서 있다. 호스를 뻗어 주날개의 급유구에 접속한다. 레버를 조작하면 땅속의 파이프라인에서 연료가 힘차게 들어간다. 전원을 공급하는 '그라운드 파워 유닛(ground power unit)', 물을 공급하는 '급수차', 오수를 제거하는 '오수 처리차', 기내식을 나르는 '케이터링 카(catering car)'도 작업을 시작한다. 케이터링 카는 '푸드 로더(food loader)'라고도 하며, 객실에 기내식과 음료를 운반하기 위해 짐받이가 높은 구조로 되어 있다.

모든 준비가 끝나면 마지막으로 천하장사 '토잉 카'가 출동할 차례다. 차량 끝에 달려 있는 견인용 봉을 앞쪽 바퀴에 장착한다. 기장이 푸시백을 요구하면 토잉 카로 기체를 활주로 쪽으로 밀고간다.

오리 떼처럼 줄줄이

짐을 터미널로 운반하는 '컨테이너 트럭'은 마치 엄마 오리를 따르는 새끼 오리들처럼 줄지어 간다.

오픈 스폿에서

오픈 스폿에 멈추는 비행기에는 '패신저 스텝 카'가 계단을 만들어준다.

맡긴 짐이 왜 이따금 '미아'가 될까?

우선 카운터에 맡긴 짐이 어떤 경로로 운반되는지 살펴보자.

체크인 절차를 밟을 때 짐에는 도착지의 3레터코드가 표시된 태그를 붙인다. 그 태그를 예전에는 직원이 눈으로 직접 보고 목적지별로 분류했다. 'SIN'이 붙은 짐은 싱가포르로, 'BCN'이 붙은 짐은 바르셀로나로 보내는 것이다. 국제편이 전 세계적으로 복잡하게 날아다니고 있는 현재는 그런 원시적인 방법으로는 대응할 수 없기 때문에, 태그의 바코드를 기계가 읽어서 컴퓨터로 처리한다. 컨베이어 벨트에 실린 짐은 '항공사', '편명', '목적지' 등의 바코드 정보를 바탕으로 정해진 항공편 컨테이너로 운반된다.

그러나 화물/짐은 종종 분실되기도 한다. 그 원인 중 하나는 짐의 돌기 때문이다. 컨베이어 벨트로 짐이 차례로 옮겨질 때 돌기가 어딘가에 걸려서 컨베이어 벨트에서 떨어지는 것이다. 직원이 곧바로 알아차리지 못하면 짐을 싣지 않은 채 항공편은 출발해버린다. 가방 바깥쪽을 둘러싸고 있던 밴드가 풀려서 어딘가에 걸릴 수 있기 때문에 각 항공사에서는 가방을 밴드로 묶는 것을 그다지 추천하지 않는다. 또한 탑승 마감 시간 직전에 아슬아슬하게 체크인하면 짐이 항공기에 채 실리기도 전에 항공기가 출발할 수도 있다(짐이 누락되는 경우). 따라서 공항에 늦게 도착할 것 같으면 미리 짐을 줄이고 기내에 들고 들어가는 것이 안전하다. 가방에 덕지덕지 붙은 오래된 짐 태그도 바코드 기계가 잘못 읽을 수 있으므로, 목적지에 도착하면 바로바로 태그를 떼어내는 것이 좋다.

태그로 목적지를 표시

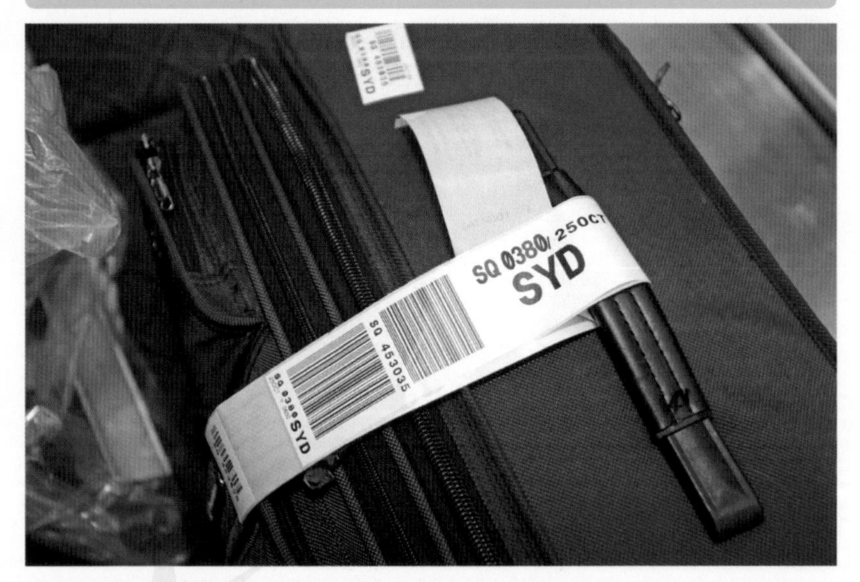

카운터에 맡긴 짐에는 목적지의 3레터코드가 표시된 태그를 붙인다.

짐을 관리하는 무대 뒤편

컨베이어 벨트에 실린 짐은 바코드 정보에 따라 정해진 항공편 컨테이너로 운반된다.

095 날개에 쌓인 눈이나 얼음은 어떻게 녹이는가?

여객기를 운항할 때 눈은 매우 성가신 존재다. 특히 주날개에 붙은 눈이나 얼음은 이륙 성능을 크게 저하시킨다. 얼음이 붙어 날개면의 형상이 달라지면, 날개 윗면에 공기 흐름이 느려져 양력을 얻을 수 없게 된다. 미국의 NASA는 '날개에 두께 0.8 mm의 얼음이 달라붙으면 이륙 시의 양력이 8% 감소된다'는 실험 결과를 보고했다.

그러면 주날개에 쌓인 눈이나 얼음을 어떻게 제거할까? '엔진을 완전히 가동해서 달리다 보면 눈 정도야 쓸려나가지 않을까?' 하고 쉽게 생각하는 사람도 있겠지만, 계류 중의 항공기는 차가운 외부 공기에 노출되어 표면 온도가 현저히 낮아진 상태이므로 눈이 더 잘 쌓이게 되며, 동결된 날개 표면의 얼음은 바람을 쐬는 정도로는 제거할 수 없다. 그런 상황에서 이륙하면 매우 위험하다.

눈이 많이 내리는 지방의 공항에서는 제설차와 함께 얼음을 제거하기 위해 제빙차도 대기하고 있다. 제빙차는 얼어붙은 기체 표면에 제빙액을 뿌려서 눈이나 얼음을 녹인다. 약 4,000리터의 제빙액을 실은 제빙차로 항공기 10대의 제빙 작업을 할 수 있다. 대형 여객기는 제빙차 2대로, 소형 여객기는 제빙차 1대로 제빙작업을 한다. 항공기의 크기에 따라 제빙 작업자의 조종석 높이를 조정할 수 있으며, 신축성이 뛰어난 가늘고 긴 호스 끝의 노즐로 제빙액을 분사한다. 이전에 겨울철에 삿포로 신치토세 공항을 취재하러 갔을 때는 10대의 제빙차가 작업을 위해 대기하고 있었다.

북쪽 지방의 공항에서

겨울철에 삿포로 신치토세 공항에는 여러 대의 제빙차가 작업을 위해 대기하고 있다.

제빙차

제빙액을 분사하여 제빙작업을 하고 있다.

096

선망의 직업 '마셜러'가 사라진다면?

활주로에 내린 여객기는 속도를 줄이고 천천히 여객 터미널로 향한다. 유도요원이 신호를 보내 지면에 그려진 선 위에 앞바퀴를 두도록 유도한 후 항공기를 정지시킨다. 공항에서 흔히 볼 수 있는 장면이다.

항공기를 유도하는 사람은 공항의 그라운드 핸들링 직원 가운데 한 사람인 '마셜러(marshaller, 항공기 유도사)'다. 수많은 그라운드 핸들링 업무 가운데 '꽃'이라고 불리는 직종이다. 패들을 휘두르며 여객기를 스폿에 정확히 유도하는 모습을 보고 있노라면 그들의 직업이 특수 기능을 요한다는 사실을 쉽게 이해할 수 있다.

"혼자서 제 몫을 하기까지 반년 이상 걸렸습니다."

이전에 취재한 젊은 마셜러는 이렇게 말했다. 공항은 남자의 직장이라는 인식도 강하지만, 최근에는 여성의 진출도 두드러지며 많은 여성 마셜러가 각지의 공항을 무대로 활약하고 있다.

그런데 최근에 대도시 공항에서 '이변'이 일어나고 있다. 마셜러가 보이지 않게 된 것이다. 나리타 공항에서는 2000년부터 적외선으로 여객기의 위치를 측정하고 유도하는 'VDGS(visual docking guidance system)'를 제1여객 터미널에서 운용하기 시작했다. 2005년부터는 제2터미널에도 이 시스템이 도입됐다. 도착한 항공기는 VDGS의 LED 표시에 나타난 현재 위치와 정지 위치까지의 남은 거리를 바탕으로, 지면에 그려진 선 위에 앞바퀴를 정확히 올려놓고 소정의 위치까지 전진해서 차분히 정지한다. 이런 장면을 보고 있자면 현대의 하이테크가 공항의 이런 상황에서도 큰 활약을 하는구나 하고 감탄스러우면서도, 한편으로는 패들을 멋들어지게 휘두르는 마셜러들의 예술적인 몸놀림을 더 이상 만날 수 없다고 생각하니 아쉽기도 하다.

그라운드 핸들링 업무의 꽃

여객기를 유도하는 마셜러. 양팔을 높이 들어 '스폿 유도를 시작한다'는 신호를 보낸다.

장인의 기술에서 하이테크로

나리타 등의 대형 공항에서는 적외선으로 여객기를 유도하는 'VDGS'가 활약한다.

097

면세점은 어떻게 '세금 없이' 물건을 팔 수 있을까?

공항에서 출국 심사를 마치고 나서 목적지 공항에서 입국 절차를 밟기 전까지의 구역은 세법상 어느 나라에도 속하지 않는다. 이른바 '준외국'인 셈이다. '주세'와 '담배세'는 외국인이 외국에서 소비하는 경우에는 낼 필요가 없다. 해외의 고급 브랜드 제품 등도 아직 일본 국내에 수입되지 않은 상태이므로 '관세'에 걸리지 않는다. 따라서 면세점에서는 이러한 상품을 구입해서 해외로 가지고 나간다는 조건만 만족하면 세금이 붙지 않은 싼 가격으로 물건을 구입할 수 있다.

각국의 국제공항에서는 출국 심사장을 빠져나간 후 탑승 게이트로 향하는 구역에 쇼핑 구역을 마련해두고 있다. 'DUTY FREE', 'TAX FREE'라는 간판을 내걸고 세금을 뺀 가격의 상품을 진열한 면세점이 속속 들어섰다. 현재는 많은 여행자에게 이 특별한 구역에서만 즐길 수 있는 특별한 쇼핑이 해외여행의 중요한 아이템 중 하나가 됐다. 국제선을 이용하면 비행 중 기내에서 면세품이 판매되는데, 이것도 면세점의 일종이라고 할 수 있다.

면세 상품은 당연히 국내의 자택 등에 배송할 수 없다. 국내로 가지고 들어올 때는 세금이 붙는다. 다만 해외여행자에게는 '개인적으로 사용한다면 일부 인정되는 품목에 한해 어느 일정 범위에서 면세된다.' 면세 범위는 담배 200개비, 술(한 병에 760밀리리터 정도의 것) 3병, 향수 2온스(1온스는 약 28밀리리터) 등이다. 그 외의 품목에 관해서도 해외에서 시가 합계액 20만 엔 이내라면 세금이 면제된다.[16)]

16) 우리나라의 경우 1인당 해외여행 시 구매는 3,000달러까지 가능하지만 면세가 되는 최대 금액은 600달러까지다. 그중 주류, 담배, 향수에 대해서는 면세 범위를 지정하고 있는데, 주류는 1병(1리터 이하로서 400달러 이하), 담배는 1보루(200개비), 향수는 60밀리리터에 해당되는 것만 면세된다.

나리타 5번가

나리타 공항 제2터미널의 출국 에어리어에 있는 면세 브랜드 몰 '나리타 5번가'.

나리타 공항 국제선 터미널

나리타 공항에 완성한 새로운 국제선 터미널에서도 대규모 면세점이 개점했다.

공항 내 '에이프런'은 어떤 곳인가?

공항에는 어느 특정 구역이나 공간을 가리키는 전문 용어가 몇 가지 있다. 그중에서 가장 자주 들을 수 있는 용어가 여객기의 계류장을 가리키는 '에이프런(apron)'이다. 명칭의 유래에는 여러 가지 설이 있지만, 일반적으로 공항을 위에서 내려다봤을 때의 모양에서 따왔다는 설이 유력하다. 긴 활주로가 허리에 두르는 끈이고, 네모난 계류장이 앞치마 부분이라는 것이다.

에이프런은 용도에 따라 '여객용 에이프런', '화물용 에이프런', '정비용 에이프런'으로 세분할 수 있다. 각 계류장 전체를 통틀어 '램프(ramp)'라는 명칭도 사용한다.

이 세 종류 가운데 우리가 보통 이용하는 곳이 여객용 에이프런이다. 여객용 에이프런은 승객이나 승무원이 타고 내리는 구역이다. 현재는 주요 공항에서 여객기가 터미널 건물에 바짝 대고 보딩 브리지를 사용해서 터미널에서 직접 타고 내릴 수 있다.

화물용 에이프런은 여객 터미널에서 약간 떨어진 곳에 있으며, 화물 터미널 앞에 펼쳐진 구역이다. 여객용 에이프런과 달리 보딩 브리지는 없지만, 공항에 따라서는 붐비는 시간대에 여객 항공편이 화물용 에이프런 스폿에서 트랩으로 승객을 태우고 출발하는 경우도 있다.

정비용 에이프런은 여객 터미널이나 화물 터미널에서 훨씬 멀리 떨어진 정비 벙커 앞에 펼쳐진 곳이다. 벙커에서 하지 않아도 되는 정비 작업은 이 정비용 에이프런에서 하기 때문에, 주변에는 작업용 발판이나 점검 · 수리에 사용되는 도구가 널려 있다.

광대한 에이프런 구역

나리타 공항의 에이프런. '승객용', '화물용', '정비용'으로 나눌 수 있다.

탑승구 앞의 풍경

하네다 공항의 여객용 에이프런. 승객은 보딩 브리지를 통해 기내에 들어간다.

099 라인 정비와 도크 정비의 차이는?

여객기가 도착하고 나서 준비를 마치고 다시 출발할 때까지의 틈새 시간에 공항의 계류장에서 실시하는 것이 '라인 정비'다. 라인 정비는 육안 점검이 기본이다. 외관에 이상이 없는지, 타이어가 닳지 않았는지 등을 체크한다. 턴어라운드(적하와 재적재 시간)는 국제선에서는 약 2시간, 국내선의 경우에는 고작 45분~1시간이다. 기체에 불량이 발견되면 제한된 시간 내에 수리를 끝내야 한다. 라인 정비는 시간과의 싸움이다.

이에 비해 벙커(격납고)에 기체를 반입해서 본격적으로 점검 · 정비를 하는 것이 '도크 정비'다. 도크 정비는 나리타 공항이나 하네다 공항 등 주요 공항에서 시행한다. 비행시간이나 기간에 따라 'A정비', 'C정비', 'M정비'로 세분한다.

항공사나 기종에 따라서 다르지만, 일반적으로 A정비는 비행시간 300~500시간(또는 1개월)마다 실시한다. 보통 그날의 비행이 끝난 후에 도크에 넣고 10명 정도의 인원으로 작업을 분담한다. 정비에 들어가는 시간은 8시간 정도다. 엔진, 플랩, 착륙 기어 등 중요 부품의 수리를 마치고 다음 날 아침에 도크아웃한다.

비행시간 4,000~6,000시간, 즉 거의 1년에서 1년 반마다 한 번 실시하는 것이 C정비다. 기체 각 부위의 패널을 떼어내고 세부적으로 꼼꼼히 점검 작업을 진행한다. 1주일~10일을 요하는 C정비는 자동차의 '정기 점검'에 해당한다.

그리고 여객기의 정비 가운데 가장 많은 시간과 노력이 드는 것이 M정비다. M정비는 4~5년에 한 번, 약 한 달에 걸쳐 진행된다. 뼈대가 드러날 정도로 분해해서 정비한 기체는 완전히 새롭게 태어난다.

시간과의 싸움

일상적으로 진행되는 라인 정비는 승객이 비행기에서 내린 시간부터 시작된다. 실로 시간과의 싸움이라고 할 수 있다.

도크 입성

일정 시간을 비행한 후 정비 격납고에서 꼼꼼하게 점검하고 수리한다.

격납고의 내부는 어떻게 생겼을까?

여객기를 비바람과 흙먼지로부터 보호하면서 보관하는 격납고를 업계 용어로는 '벙커'라고 한다. 앞에서 소개한 도크 정비를 하는 곳이기도 하다.

벙커를 공항 쪽에서 바라보면 가장 먼저 눈에 띄는 것이 여객기를 출입시키기 위한 커다란 슬라이드 문이다. 처음에 이 문을 가까이에서 보는 사람은 그 크기에 압도당한다. 여객기를 반입할 때 수직꼬리날개가 걸리지 않도록 문 윗부분을 잘라낸 벙커도 있다.

벙커 안으로 들어가 보자. 거대한 건물 내부에 들어가면, 정비사들이 효율적으로 작업할 수 있도록 곳곳에 여러 가지 설비가 완비되어 있다. C정비나 M정비에서는 부품을 하나하나 떼어내고 점검 작업을 해야 하기 때문에, 기체의 어느 곳이든 손이 닿을 수 있도록 '도크 스탠드'라고 불리는 작업용 발판이 설치되어 있다. 천장에는 교환할 부품을 운반하기 위한 크레인이 설치되어 있다. 플로어의 대형 랙에는 공구와 기구 등이 가지런히 정리 · 정돈되어 있어서 필요할 때 쉽게 꺼내 쓸 수 있다.

항공기 팬들은 "격납고를 견학할 수는 없나요?"라는 질문을 많이 한다. 항공업계에 흥미를 느껴 장래에 공항에서 일하고 싶어 하는 청년들도 많을 것이다. 그런 사람들은 항공사에서 주최하는 항공 교실에 다녀 보기를 추천한다. JAL과 ANA는 하네다 공항의 기체 정비 공장에서 일반인을 대상으로 무료 견학회도 실시한다. 자세한 신청 방법은 두 항공사의 홈페이지에 게재되어 있다.

상상을 뛰어넘는 규모

보잉 777-300ER를 정비하고 있는 ANA의 격납고.

정비 공장 견학회

JAL의 기체 정비 공장 견학회. 바로 코앞에서 보는 여객기는 마음을 설레게 한다.

참고문헌

『누구나 알고 싶어 하는 공항에 관한 궁금증 50(みんなが知りたい空港の疑問50)』 아키모토 슌지 저(2009년)

『누구나 알고 싶어 하는 LCC에 관한 궁금증 50(みんなが知りたいLCCの疑問50)』 아키모토 슌지 저(2012년)

『만화 잡학 에어라인(マンガうんちくエアライン)』 히라오 나오키 저, 아키모토 슌지 감수(2015년)

『보잉 777 기장 완벽 체험(ボーイング777機長まるごと体験)』 아키모토 슌지 저(2010년)

『보잉 787 완벽 해설(ボーイング787まるごと解説)』 아키모토 슌지 저(2011년)

『여객기와 공항의 모든 것(旅客機と空港のすべて)』 아키모토 슌지 감수(2012년)

『ANA 여객기 완벽 대백과(ANA旅客機まるごと大百科)』 아키모토 슌지 저, 찰리 후루쇼 사진(2011년)

「월간 에어라인(月刊エアライン)」(2013년 1월~2015년 7월의 각 호)

『JAL 여객기 완벽 대백과(JAL旅客機まるごと大百科)』 아키모토 슌지 저, 찰리 후루쇼 사진(2011년)

『하늘을 나는 호텔 A380(エアバスA380まるごと解説)』 아키모토 슌지 저(2008년)

『항공 대혁명(航空大革命)』 아키모토 슌지 저(2012년)

※ 그 외에 각 항공사의 홈페이지를 참고했다.

알면 알수록 즐거운 여객기 상식 100

지은이 | 아키모토 슌지
옮긴이 | 권재상
펴낸이 | 조승식
펴낸곳 | (주)도서출판 북스힐

등록 | 제22-457호
주소 | 01043 서울 강북구 한천로 153길 17
(수유2동 240-225)
홈페이지 | www.bookshill.com
전자우편 | bookswin@unitel.co.kr
전화 | 02-994-0071
팩스 | 02-994-0073

2017년 3월 10일 1판 1쇄 인쇄
2017년 3월 15일 1판 1쇄 발행

값 12,000원
ISBN 979-11-5971-028-5
978-89-5526-729-7(세트)